图像里的中国

China in Pictures

科技的辉煌

王海晨 杨晓虹 王希哲 编著

上海科学技术文献出版社
Shanghai Scientific and Technological Literature Press

图书在版编目（CIP）数据

科技的辉煌 / 王海晨，杨晓虹，王希哲编著．—上海：上海科学技术文献出版社，2019 (2021.3重印)
（图像里的中国）
ISBN 978-7-5439-7862-1

Ⅰ．① 科… Ⅱ．①王…②杨…③王… Ⅲ．①科学技术—技术史—中国—古代 Ⅳ．① N092

中国版本图书馆 CIP 数据核字 (2019) 第 066857 号

策划编辑：张　树
责任编辑：李　莺
封面设计：樱　桃

科技的辉煌
KEJI DE HUIHUANG
王海晨　杨晓虹　王希哲　编著
出版发行：上海科学技术文献出版社
地　　址：上海市长乐路 746 号
邮政编码：200040
经　　销：全国新华书店
印　　刷：昆山市亭林印刷有限责任公司
开　　本：720×1000　1/16
印　　张：10
字　　数：142 000
版　　次：2019 年 5 月第 1 版　2021 年 3 月第 2 次印刷
书　　号：ISBN 978-7-5439-7862-1
定　　价：58.00 元
http://www.sstlp.com

图像里的中国

TUXIANG LI DE ZHONGGUO

科技的辉煌

目录

CONTENTS

科学和技术

中国是世界文明发达最早的国家之一，在长期的不断发展中，创造了灿烂的古代文化。中国古代的科学技术成果作为中华民族灿烂文化的一个重要组成部分，同样有着辉煌的历史，并长期处于那个时代的世界最前列。著名英国科技史家李约瑟博士在他所著的《中国科学技术史》的序言中曾对此做出这样的评价："中国的这些发明和发现往往远远超过同时代的欧洲，特别是在15世纪之前更是如此（关于这一点可以毫不费力地加以证明）。"美国学者坦普尔在《中国——发明创造的国度》中统计，现代世界文明赖以建立的基本发明创造，有一半以上来源于中国。中国古代科学技术成就与古希腊不同，几乎全是中国人自己独自创造出来的，而古希腊的早期科学如几何学、天文学中的很多东西是从其他文明古国那里学来的。正是这种独创的科技成就的长期发展、历代传承，才形成了中国古代的科学技术体系。

商代“月又食”牛骨

商晚期，长 24.5 厘米，上宽 5 厘米，下宽 19.5 厘米，河南安阳小屯南地出土，牛骨上刻有“壬寅贞月又戠”，是商代实际观测月食的记录

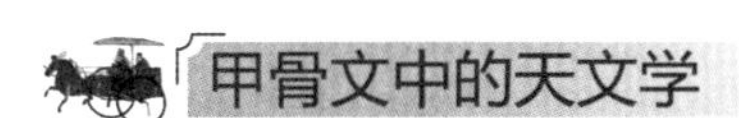

甲骨文中的天文学

美国科学院弗里德曼博士曾赞叹：“中国古代科学的伟大成就，我们美国人很难想象。拿天文科学来说吧，中国有全世界最古老、最丰富、最完整的日月食、彗星、太阳黑子、新星等详细而精确的记录。三四千年前，我们这里还是未开化的原始森林，中国大陆上已经出现精美的天文仪器和完备的历法……”

公元前 21 世纪的夏代，中国历法已有很大的进步。相传中国最早的历法便是出于夏代的《夏小正》，是通过观察授时的方法编制出来的自然历。到了商代，大规模的祭祀和占卜，要求准确的祭祀时间和祭祀周期，加之农业生产的进步，气候对农业、畜牧业以及田猎等活动的影响越来越大，商人正是通过观测天象来掌握气候的变化，因而使得商代历法在夏代的基础上得到了进一步发展。

商代刻干支表牛骨，长 22.5 厘米，宽 6.6 厘米，河南省安阳市殷墟出土。干支法在中国起源于夏代，商、周沿袭，是一种世界上使用最久的记日法

商代的历法是迄今已知较为完整的最早的

何谓天干地支？

天干地支，简称“干支”。传说在公元前 21 世纪，中华始祖黄帝命人探察天地之气机，探究金木水火土五行，始作天干：甲、乙、丙、丁、戊、己、庚、辛、壬、癸；地支：子、丑、寅、卯、辰、巳、午、未、申、酉、戌、亥。十干和十二支依次相配，组成 60 个基本单位，古人以此作为年、月、日、时的序号，叫“干支纪法”。

中国历法以月球绕地球一周的时间（29.530 6 天）为一月，以地球绕太阳一周的时间（365.241 9 天）为一年，为使一年的平均天数与回归年的天数相符，设置闰月。

天干地支，是古人建历法时，为了方便做 60 进位而设计的符号。对古代的中国人而言，天干地支的存在，就像阿拉伯数字般的方便快捷，而且后来又把这些符号运用在地图、方位及时间（时间轴与空间轴）上，所以这些数字被赋予的意义就越来越多了。

历法。商代历法为阴阳历：阳历以地球绕太阳一周，即 365 又 1/4 日为一回归年，故又称“四分历”。阴历以月亮绕地球一周，即 29 或 30 日为一月。商代用干支记日，数字记月；月有大小之分，大月 30 日，小月 29 日。12 个月为一个民用历年，它与回归年有差数，所以阴阳历在若干年内置闰，闰月置于年终，称为十三月。季节与月份有大体固定的关系。商代每月分为 3 旬，每旬为 10 日，卜辞中常有卜旬的记载，又有“春”“秋”之称。一天之内，分为若干段时刻，天明时为“明”，以后有大采、大食；中午为“中日”，以后有昃、小食、小采。“旦”为日初之时，“朝”与大采相当，“暮”为日将落之时。对于年岁除称“岁”“祀”之外，也称为“年”。

商代天文学中的许多天象在甲骨卜辞中均有记载，为后世提供了宝贵的资料。

农具史上最早的播种器——耧车

中国农具史上，有一项很了不起的发明，即耧车。耧车，又称耧犁、耩子，是一种畜力条播机。据东汉崔寔《政论》记载，耧犁是西汉武帝时搜粟都尉赵过所发明的。其功效是能够一次完成开沟、下种、覆土等作业，大大地提高了播种的效率；同时还能保证行距一致、深度一致、疏密一致，便于出苗后的通风透光和田间管理，使得播种的质量也得以提高。耧车有一脚至七脚多种，以两脚、三脚较为普遍，在当代北方一些地区还在使用它。北京市清河镇、陕西省富平县、辽宁省辽阳市三道壕都出土过西汉铁耧，陕西、山东、河南也出土过东汉铁耧。山西省平陆县枣园东汉墓出土了一幅《耧播图》，使人们得以了解汉代用耧车播种的具体形象。从西汉直到现在中国人连续使用耧犁2000多年，可见这一农具的生命力之强。

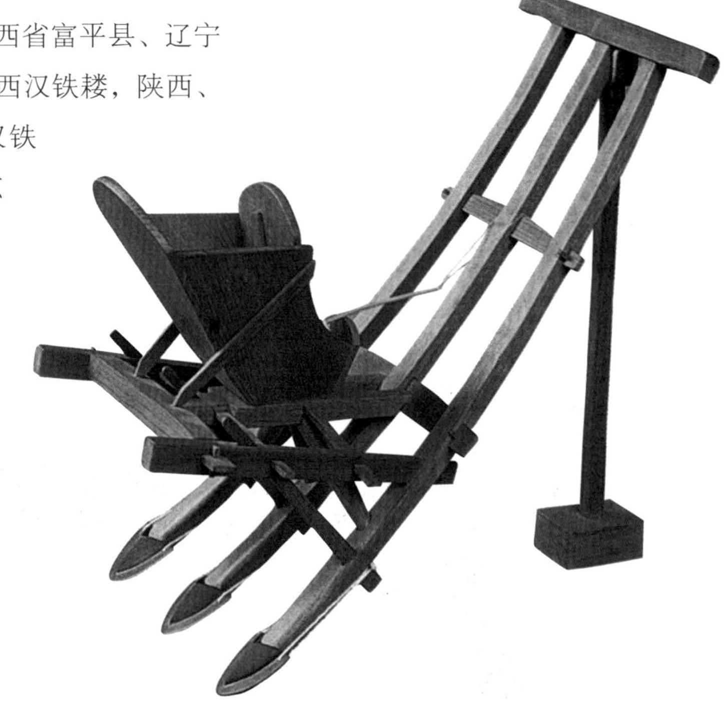

汉代三脚耧复原模型，中国历史博物馆藏

耧车的发明与使用，更重要的是它的制作原理启发了后续诸多同类的发明，为农业机械化开辟了一条道路。

灌溉机械——龙骨水车

古老的龙骨水车，仍在为人类造福

龙骨水车是中国古代最著名的农业灌溉机械之一。龙骨车，古书上都叫翻车。翻车，是一种刮板式连续提水机械，又名龙骨水车。《后汉书》记有毕岚造翻车，三国马钧加以完善。翻车可用手摇、脚踏、牛转、水转或风转驱动。龙骨叶板用作链条，卧于矩形长槽中，车身斜置河边或池塘边。下链轮和车身一部分没入水中。驱动链轮，叶板就沿槽刮水上升，到长槽上端将水送出。如此连续循环，水车就能把水输送到需要之处，可连续取水，功效大大提高，操作搬运方便，还可及时转移至取水点。中国古代链传动的最早应用就是在翻车上，这是农业灌溉机械的一项重大改进。

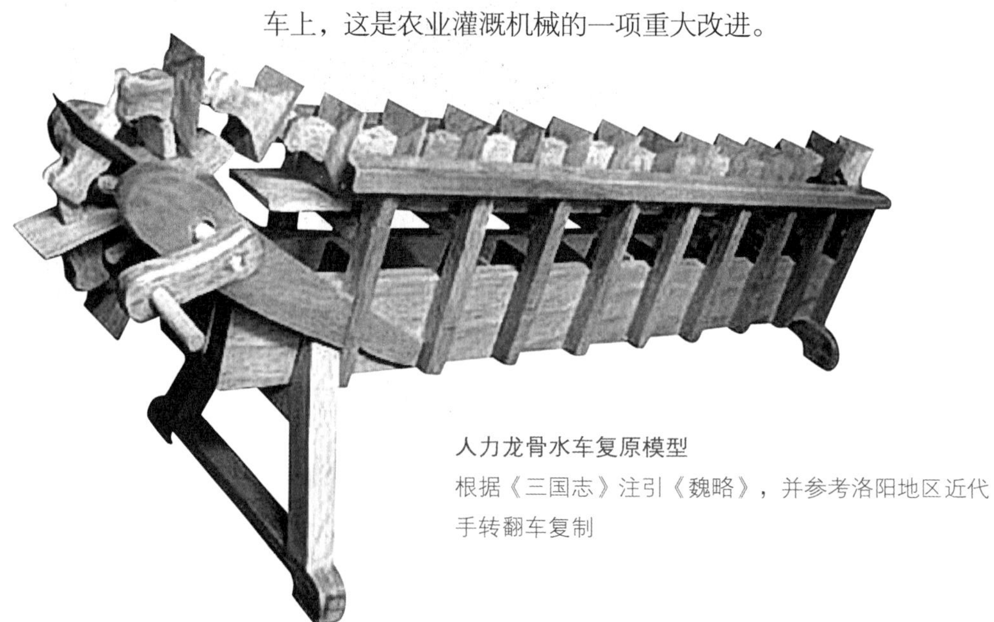
人力龙骨水车复原模型
根据《三国志》注引《魏略》，并参考洛阳地区近代手转翻车复制

2000 多年前的天文学著作——《周髀算经》

《周髀算经》是《算经十书》中的一部，它既是一部数学著作，又是一部中国最古老的天文学著作。《周髀算经》，约成书于公元前 1 世纪，原名《周髀》，唐初规定它为国子监明算科的教材之一，故改名《周髀算经》。历代许多数学家都曾为此书作注，其中最著名的是唐李淳风等人所做的注。《周髀算经》还曾传入朝鲜和日本，在那里也有不少翻刻注释本行世。

作为天文著作，此书有上、下卷，内容是以对话形式来阐明当时的盖天说和四分历法。盖天说是中国古代关于宇宙结构的三种学说之一（三种学说即宣夜说、浑天说、盖天说）。盖天说的完善则是以《周髀算经》为代表。《周髀算经》详细记载了古人怎样用简单的方法计算出太阳到地球的距离。据《周髀算经》记载，日地距离的求法是：先在全国各地立一批 8 尺（1 尺约为 33.3 厘米）长的竿子，夏至那天中午，记下各地竿影的长度，得知首都长安的是 1 尺 6 寸（1 寸约为 3.33 厘米）；距长安正南方 1000 里（1 里为 500 米）的地方，竿影是一尺五寸；距长安正北 1000 里则是 1 尺 7 寸。因此知道南北每隔 1000 里竿影长度就相差 1 寸。又在冬至那天测量，长安地方影长 1 丈 3 尺 5 寸。《周髀算经》取夏至与冬至间，竿影刚好是 6 尺的时候来计算。最终得出太阳与地面的距离是 10 万里（5 万千米）的数据。

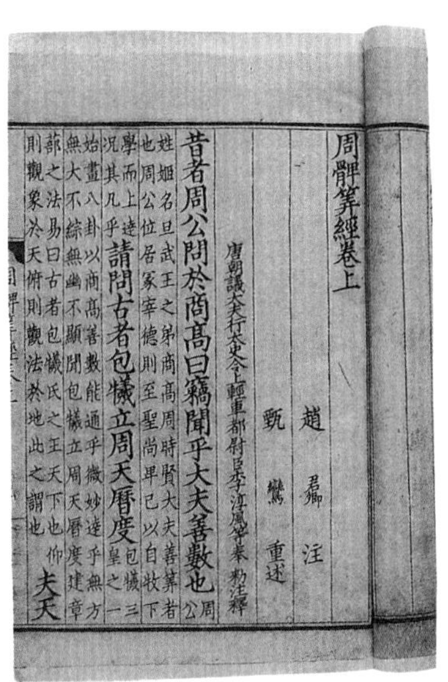
周髀筭經卷上
趙 君卿 注
甄 鸞 重述
唐朝議大夫行太史令上輕車都尉臣李淳風等奉勑注釋
昔者周公問於商高曰竊聞乎大夫善數也
周公姓姬名旦武王之弟商高周時賢大夫善筭者也周公位居冢宰德則至聖尚卑己以自牧下學而上達況其凡乎
請問古者包犧立周天曆度
包犧三皇之一始畫八卦以商高善數能通乎微妙達乎無方無大不綜無幽不顯聞包犧立周天曆度建章蔀之法易曰古者包犧氏之王天下也仰則觀象於天俯則觀法於地此之謂也
夫天

《周髀算经》

当然，现在我们都知道这个数值与地球和太阳的实际距离数相差甚远，答案不合事实，但《周髀算经》仍然有其重大意义。其一，在古代历史条件下，人们对天体演化的认识是朴素的、思辨的，在当时世界上是十分先进的。它对于中国古代天文学的发展所起的推动作用，说明它仍不失为一种有价值的宇宙结构学说。其二，《周髀算经》的这段求证日地距离的运算过程是正确的。

《周髀算经》在数学上的主要成就是介绍了学习数学的方法、用勾股定理来计算高深远近和比较复杂的分数计算及开平方等问题，成为后世数学的源头，其算术化倾向决定了中国数学的性质，因而被历代数学家奉为经典。

中国的《几何原本》——《九章算术》

《九章算术》为中国著名的《算经十书》之一，是 10 部算经中最重要的一部古代数学专著，也是周秦至汉代中国数学发展的一部总结性的代表性著作。这部伟大的著作对以后中国古代数学发展所产生的影响，正像古希腊欧几里得《几何原本》对西方数学所产生的影响一样，是非常深刻的。

《九章算术》承先秦数学发展的源流，进入汉朝后又经许多学者的删补才最终成书，这大约是在 1 世纪的下半叶。后世的数学家，大都是从《九章算术》开始学习和研究数学知识的。唐宋两代此书都由国家明令规定为教科书。1084 年由当时的北宋朝廷进行刊刻，这是世界上最早的印刷本数学书。

《九章算术》是以数学问题集的形式编写的，共收集 246 个问题及各个问题的解答，按性质分类，每类为一章，计有方田、粟米、衰分、少广、商功、均输、盈不足、方程和勾股九章，故称《九章算术》。

西安半坡出土的陶器

这片陶器用1—8个圆点组成了等边三角形。半坡遗址的房屋基址都是圆形和方形，为了画圆作方，确定平直，当时的人们一定创造了类似于规、矩、准、绳等作图与测量工具

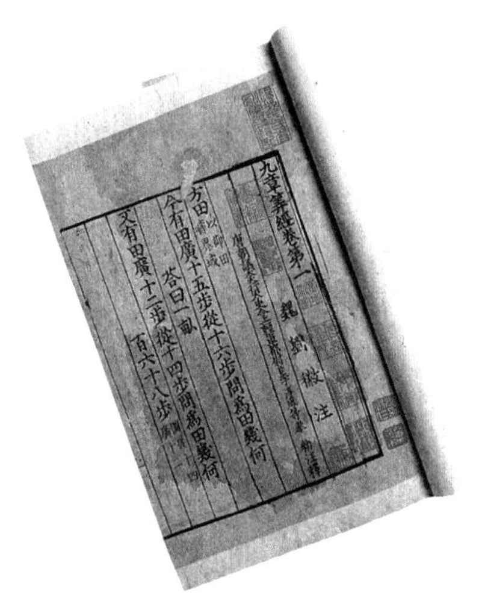
九章算經卷第一　魏　劉　徽　注

方田以御田疇界域

今有田廣十五步從十六步問爲田幾何

荅曰一畝

又有田廣十二步從十四步問爲田幾何

荅曰一百六十八步

古代数学典籍：西汉《九章算术》，南宋刻本

《九章算术》中的各类数学问题，都是从古人丰富的社会实践中提炼出来的，与当时的社会生产、经济、政治有着密切的联系。

《九章算术》的出现，标志着中国古代数学体系的形成。其成就是多方面的：

1. 提出分数的通分、约分和加减乘除四则运算的完整法则，这比西方早1400多年。

2. 提出整套的比例理论。西方直到15世纪末以后才形成类似的全套方法。

3. 介绍了开平方、开立方的方法，其程序与现今程序基本一致。这是世界上最早的多位数和分数开方法则。它奠定了中国在高次方程数值解法方面长期领先世界的基础。

4. 采用分离系数的方法表示线性方程组，相当于现在的矩阵。解线性方程组时使用的直除法，与矩阵的初等变换一致。这是世界上最早的完整的线性方程组的解法。在西方，直到17世纪才提出完整的线性方程的解法法则。

5. 引进和使用了负数，并提出了正负数的概念，正负数的加减法则，与现今代数法则完全相同；解线性方程组时实际还施行了正负数的乘除法。这是世界数学史上一项重大的成就，第一次突破了正数的范围，扩展了数系。其他国家则到7世纪才认识负数。

6. 提出了勾股数问题的通解公式。在西方直到3世纪才取得相近的结果，比《九章算术》晚了约3个世纪。

7. 提出了各种多边形、圆、弓形等的面积公式。

《九章算术》的思想方法对中国古代和周边国家的数学产生了巨大的影响。隋唐之际，《九章算术》已传入朝鲜、日本，现在更被译成多种文字。

人类历史上计算器的重大发明

算盘，是古代的计算器，是“珠算”的工具，珠算是运用“珠”作筹码进行运算，它由古代的“筹算”演变而来。“筹算”是用竹签作筹码进行运算。唐代末年，开始有筹算乘除法的改进，宋代产生了筹算的除法歌诀。元代文学和戏剧作品提到过算盘。15世纪中叶，《鲁班木经》中有制造算盘的规格。约在明代末年，算盘开始流行。由于珠算口诀便于记忆，运算简易方便，因而在中国被普遍应用，同时也陆续传到了日本、朝鲜、印度、美国等国家。算盘的出现，被称为人类历史上计算器的重大改革。

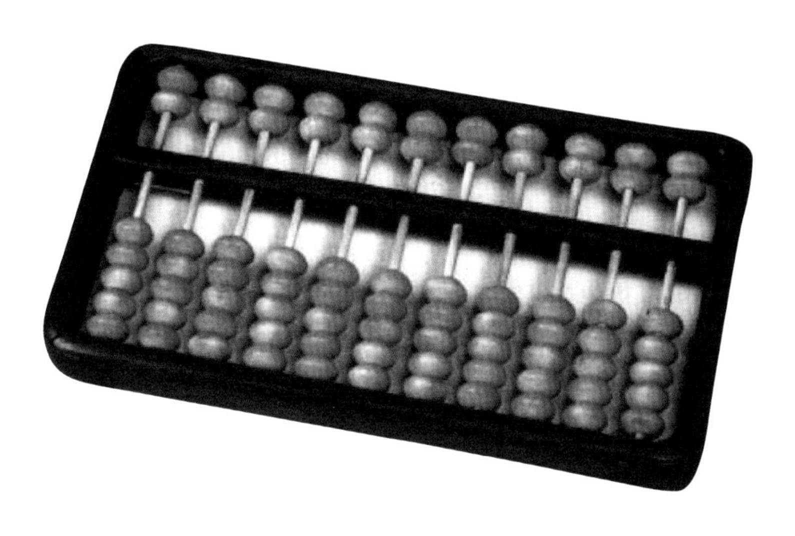

明朝的象牙算盘，长 27.1 厘米，宽 15.2 厘米

医学方书的鼻祖——《伤寒杂病论》

2 世纪以前，古中国在疾病的预防和治疗方面，已经积累了丰富的经验和知识，据《后汉书》记载，在光武建武十三至二十六年（37—50）之间，曾有 7 次大疫，灵帝建宁四年到中平二年（171—185）之间，曾有 5 次大疫，当时传染病经常流行，促使医学家们对疾病防治的认识不断加深，在从事医疗实践的过程中，出现了不少理论与实践相结合的著作，其中最具价值的要推医学家张仲景的著作——《伤寒杂病论》。

张仲景少年时期博览群书，对医学尤有极大兴趣，他从史书中受到古代名医扁鹊的影响和启发，又曾拜同乡著名中医张伯祖为师。196 年至 204 年，南阳地方病疫流行，同族病死者三分居二，其死于伤寒病者又十居其七。面对这种情况，张仲景毅然辞官业医，对伤寒病的起因和治疗方法进行了细致研究。他从前人留下的医学著作中，继承了辨证论治的规律知识，又收集了民间的药方和治疗方法，结合自己的医疗

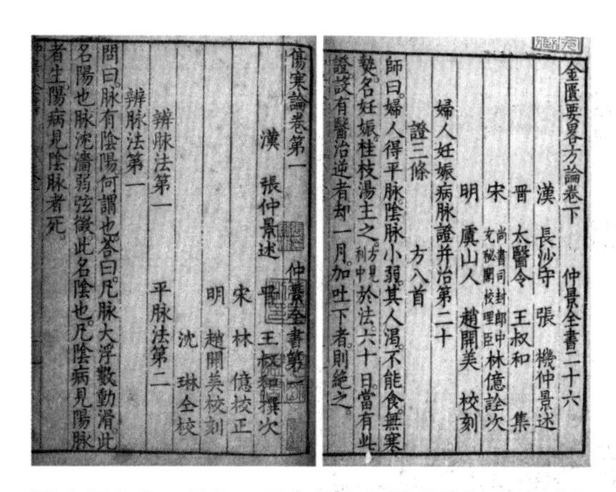
傷寒論卷第一　仲景全書第一
漢　張仲景述　晉　王叔和撰次
宋　林億校正
明　趙開美校刻
沈　琳仝校
辨脉法第一　平脉法第二
辨脉法第一
問曰脉有陰陽何謂也答曰凡脉大浮數動滑此
名陽也脉沈濇弱弦微此名陰也凡陰病見陽脉
者生陽病見陰脉者死

金匱要畧方論卷下　仲景全書二十六
漢　長沙守　張　機仲景述
晉　太醫令　王叔和　集
宋　尚書司封郎中充秘閣校理臣林億詮次
明　虞山人　趙開美　校刻
婦人妊娠病脉證并治第二十
證三條　方八首
師曰婦人得平脉陰脉小弱其人渴不能食無寒
熱名妊娠桂枝湯主之方見利中於法六十日當有此
證設有醫治逆者却一月加吐下者則絶之

诞生于公元 3 世纪，至今仍在指导医学的名著《伤寒杂病论》，左为《伤寒论》书影，右为《金匮要略》书影

经验，加以总结提高，一方面为人治病，一方面从事著述，写出了《伤寒杂病论》。此书经后人整理校勘，编为《伤寒论》和《金匮要略》。

《伤寒论》重点论述人体感受风寒之邪而引起的一系列病理变化及如何进行辨证施治的方法。他把病症分为太阳、阳明、少阳、太阴、厥阴、少阴六种，即所谓“六经”。根据人体抗病力的强弱、病势的进退缓急等方面的因素，将外感疾病演变过程中所表现的各种症候归纳出症候特点、病变部位、损及何脏何腑，以及寒热趋向、邪正盛衰等作为诊断治疗的依据。

该书是世界上第一部临床医学巨著。在这部著作中，张仲景创造了三个世界第一：首次记载了人工呼吸、药物灌肠和胆管蛔虫治疗方法；开创了辨证论治之先河，至今仍有效指导临床实践；该书为中国医学史上影响最大的著作之一，曾有四五百家对《伤寒杂病论》进行探索，留下近千种专著、专论，形成独特的伤寒学派。因此，《伤寒杂病论》被称作“医方之祖”，张仲景则被民众尊为“医圣”。

《伤寒杂病论》不仅成为中国历代医家必读之书，而且还广泛流传到海外，如日本、朝鲜、越南、蒙古等国。特别在日本，历史上曾有专宗张仲景的古方派，直到今天，日本中医界还喜欢用张仲景方。

中医为何又称“杏林”？

“杏林”一词典出三国闽医董奉。董奉与当时的华佗、张仲景齐名，号称“建安三神医”。董奉曾长期隐居江西庐山南麓，行医时从不索取酬金，每当治好一个重病患者，即让病家在山坡上栽 5 株杏树；轻病患者，栽 1 株。数年之后，庐山一带杏树多达 10 万株。董奉因为行医济世的高尚品德，赢得了百姓普遍敬仰。董奉死后，百姓便在杏林中设坛祭祀。如此一来，“杏林”一词便渐渐成为中医的代称。中医医生也常以“杏林中人”自称。

世界最早的麻醉剂——麻沸散

世界上最早发明麻醉药的是中国东汉和三国时期的名医——华佗。不过当时的药名不称“麻醉药”，而叫“麻沸散”。

麻沸散的方名，在陈寿撰的《三国志》和范晔撰的《后汉书》中均有记载。《后汉书·华佗传》云：“若疾发结于内，针药所不能及者，乃令先以酒服麻沸散，既醉无所觉，因刳破腹背，抽割积聚（肿块）。”《三国志·魏书·方技传》，上面写道：“若病结积在内，针药所不能及，当须刳割者，便饮其麻沸散，须臾便如醉死，无所知，因破取。病若在肠中，便断肠湔洗，缝腹膏摩，四五日差，不痛，人亦不自寤，一月之间，即平复矣。”

华佗的这个发明绝非偶然，因为他生活的时代是东汉末年到三国时期那样一个战乱年代。魏、蜀、吴三国鼎立时，战争频繁，伤者、病者颇多。华佗是当时著名医生，伤病人员都请他治疗。由于那时没有麻醉药，每当做手术时伤病者要忍受极大的痛苦。华佗为了解除患者疾苦，根据当时《神农本草经》对几味草药功效的记载，又结合自己的临床经验，创造了麻沸

华佗，东汉末年沛国谯（今安徽亳州）人。通晓内、外、妇、儿、针灸各科，尤精外科，曾用麻沸散使病人麻醉，行腹腔手术。主张体育锻炼，创“五禽戏”。著《枕中灸刺经》，已佚，图为明代周履靖《赤凤髓》一书中的《五禽戏图》

散。这是几种具有麻醉作用的药物组成的一个复方，经过多次试验，确有良好的麻醉作用。华佗又从多喝酒能使人醉而不省人事中得到启发，将麻沸散和酒在外科手术前一起吞服，加强了麻醉效果。这一方法在外科手术中广泛使用。据记载，华佗曾用酒服麻沸散的方法做过肿瘤切除、胃肠吻合等手术。

三国时彩绘俑

《神农本草经》与药物学

《神农本草经》又名《神农本草》，简称《本草经》、《本经》等，一般认为是中国现存最早的药物学专著，被奉为中药学的经典。全书分 3 卷，载药 365 种（植物药 252 种，动物药 67 种，矿物药 46 种）。在中国古代，大部分药物是植物药，所以“本草”成了代名词，这部书也以“本草经”命名。汉代托古之风盛行，为了提高该书地位，特借用神农遍尝百草的传说，将神农冠于书名之首，定名为《神农本草经》。

《神农本草经》的作者及成书时代尚无实证加以确定，其成书年代自古就有不同考论，或谓成于秦汉时期，或谓成于战国时期。原书早佚，现行本为后世从历代本草书中集辑的。

《神农像》，1974 年发现于山西应县辽代木塔内

图中人物，面部圆润，赤足，披兽皮，围叶裳，负竹篓，举灵芝于山石间

相关链接

五禽戏

“五”是指五种；“禽”泛指动物，并非专指禽类；“戏”在古代是指歌舞杂技之类的活动，在此指特殊的运动方式。模仿动物锻炼身体的方法可上溯至先秦，如《庄子》中有“熊经鸟伸，为寿而已矣”等载述，可见当时已有多种模仿动物形神的导引图文，更属“五禽戏”原始功法之类。具体将“五禽戏”整理总结并作为一套功法推广者，是汉末三国时期的著名医家华佗，只是有关“华佗五禽戏”的原始文字早已佚失，唯存一些零星的史籍记载。

五禽戏是模仿熊、虎、猿、鹿、鸟 5 种动物的形态、动作创编的一套防病、治病、延年益寿的医疗气功。它是一种外动内静、动中求静、动静兼备、有刚有柔、刚柔并济、内外兼练的仿生功法。

《神农本草经》
原本早已散佚。现所见者，大多是从《证类本草》《本草纲目》等书所引用的《神农本草经》内容而辑成的。常见的辑本有五六种，流行较广的是清嘉庆年间的《神农本草经》3 卷本和清道光年间 4 卷本。这些辑本经重辑者的研究考证，基本上已接近原来的面目

《神农本草经》作为第一部药物学专著，意义非凡。该书首次将药物分为上、中、下三品，这是中药学按功用分类之始。在方剂学方面，指出药可单用亦可组方配用，创立了药物之间“七情合和”理论和组方配伍的“君臣佐使”原则，总结了丸、散、汤、酒、膏等基本剂型。在用药方面，提出了辨证用药的思想，所论药物适应病症达 170 多种，对用药剂量、时间等都有具体规定。更可贵的是，它所述的药物主治的病症大部分是正确的。尤其是许多特效药物，如麻黄可以治疗哮喘、大黄可以泻火、常山可以治疗疟疾等等，都已为现代科学所证实。而且其作为药物学著作的编撰体例也被长期沿用。还有一些内容是世界上最早的记载，如用水银治皮肤疾病，要比阿拉伯和印度早 500—800 年。

该书的问世，对中医药学的发展影响很大。历史上具有代表性的几部《本草》，如《本草经集注》《新修本草》《证类本草》《本草纲目》等，都源于《神农本草经》。

蔡伦与“蔡侯纸”

蔡伦在西方也许鲜为人知，因为在标准的历史教程中很少提到他，甚至有些大部头的百科全书里也没有一篇短文提及他的名字。但在中国蔡伦其人几乎是家喻户晓、妇孺皆知。人们总是把造纸术的发明与成熟归功于他。

蔡伦一生为官46年，曾官尊九卿。任尚方令期间，经常亲临现场做技术调查，极富创新精神，对发展当时的金属冶炼及加工、机械制造工艺等方面起了很大的推动作用，被后世史家称为东汉时期的科学家。但他的最大贡献主要还在造纸方面，是造纸技术的革新者、推动者。《后汉书·蔡伦传》中说，蔡伦曾“监作秘划及诸器械，莫不精工坚密，为后世法”。因此蔡伦成为促进东汉造纸术发展的关键人物。

中国是世界上最早发明纸的国家。根据考古发现，西汉时期中国已经有了麻质纤维纸。如1933年考古学家黄文弼在新疆罗布淖尔第一次发现西汉古纸。1957年5月，在陕西省西安市郊灞桥砖瓦厂工地古墓中又发现了成沓的古纸残片。经科学鉴定，西汉古纸质地粗糙，且数量少、成本高，不能普及。到了东汉，蔡伦在其担任尚方令（即主管宫内手工作坊）期间，深感书写材料仍多以竹简、缣帛（即按书写需要裁好的丝织品）为用，而“缣贵而简重，并不便于人”。于是蔡伦在洛阳广泛地研究了民间的造纸经验，改进了造纸术，创造性地使用了树皮、麻头、破布、旧渔网等植物纤维为原料造纸，大大提高了纸张的质量和生产效率，扩大了纸的原料来源，降低了纸的成本，为纸张取代竹帛开辟了美好前景。105年，蔡伦把他监造的第一批纸献给了和帝，受到了和帝的赞扬。从此，全国都采用蔡伦的方法造纸。由于蔡伦曾被封侯，所以人们把这种纸称为“蔡侯纸”。

东汉旱滩坡带字纸，1974 年甘肃武威旱滩坡出土，由麻质纤维制成，是最早文书用植物纤维纸的实物

“蔡侯纸”发明和推广使用以后，逐渐取代了笨重的木简和昂贵的缣帛，成了中国人的主要书写工具。纸既轻便又便宜，不但利于人们的书写、携带和装订成书，而且为以后印刷术的发明准备了条件。因此，造纸术的发明和提高，对于文化的保留、交流和发展做出了巨大贡献，是中国史上的一项重大科技成就。

中国的造纸术也逐渐外传。到 7 世纪初期（隋末唐初）开始传至朝鲜、日本；8 世纪传至今天的中东地区；14 世纪传入欧洲。造纸术的发明与传播，使文字的载体成本得以大幅度的下降，知识在平民中的普及得以实现，从而极大地推动了世界科技、经济的发展。

什么是尚方宝剑？

尚方是少府的一个属官，主要负责为皇帝供应器物。战国时三晋、秦始设，汉沿袭秦制，设有少府。少府设尚方令、尚方丞，职掌御用刀剑及器物的督造。《后汉书》记载，东汉和帝刘肇时，时任中常侍的蔡伦被加位尚方令。《广雅·释器》记载，古剑有“蔡伦”之名，便是蔡伦职掌尚方令时监制的剑。

尚方宝剑就是由“尚方令”所督造的剑，即皇帝专用剑。到了唐代，皇帝常将尚方剑赐予元老重臣，赋予其在外可先斩后奏的特权。“尚方剑”成了最高权力的象征。

《天工开物》中记录的造纸工艺流程图

这些图形象地再现了造纸的过程。将原料经水浸、切碎、蒸煮、漂洗、舂捣，加水配成悬浮的浆液、捞取纸浆、干燥后即成为纸张

世界上最早把圆周率数值推算到小数第 7 位以上的科学家——祖冲之

祖冲之及其数学成就

祖冲之生于建康（今江苏南京）。祖家历代都对天文历法素有研究，祖冲之从小就有机会接触天文、数学知识。祖冲之的主要成就在数学、天文历法和机械制造三个领域。此外祖冲之精通音律，擅长下棋，还写有小说《述异记》。祖冲之著述很多，但大多都已失传。

祖冲之在天文历法方面的贡献，大都包含在他所编制的《大明历》及为《大明历》所写的《驳议》中。主要成就如下：区分了回归年和恒星年，首次把岁差引进历法，测得岁差为 45 年 11 月后移一度（今测每 71 年 8 个月后移一度）。岁差的引入是中国历法史上的重大进步。定一个回归年为 365.24281481 日（今测为 365.24219878 日）。采用 391 年置 144 闰的新闰周，比以往历法采用的 19 年置 7 闰的闰周更加精密。定交点月日数为 27.21223 日（今测为 27.21222 日）。交点月日数的精确测得使得准确的日月食预报成为可能，祖冲之曾用大明历推算了从436年到459年，23年间发生的4次月食时间，结果与实际完全符合；得出木星每84年超辰一次的结论，即定木星公转周期为11.858年（今测为11.862年）；给出了更精确的五星会合周期，其中水星和木星的会合周期也接近现代的数值。

为纪念祖冲之对人类的贡献，1967年，国际天文学家联合会把月球上的一座环形山命名为“祖冲之环形山”，将小行星1888命名为“祖冲之星”。

祖冲之在天文学方面的成就有赖于他对数学的杰出贡献。他从小便搜集、阅读了前人的大量数学文献，并对这些资料进行了深入系统的研究，坚持对每步计算都做亲身的考核验证，不被前人的成就所束缚，纠正其错误同时加上自己的理解与创造，使得他在以下三方面对中国古代数学有着巨大的推动。

一是圆周率的计算。在中国古代，人们从实践中认识到，圆的周长是“圆径一而周三有余”，也就是圆的周长是圆直径的3倍多，但是多多少，意见不一。祖冲之在前人的基础上，经过刻苦钻研，反复演算，采用割圆术的方法，计算出圆周周长与直径的比例，为3.1415926与3.1415927之间。并提出了圆周率的近似值为355/113，约等于3.1415929，与π值的真值相差不到万分之一，成为密率。为了纪念祖冲之的杰出贡献，有些外国数学史家把圆周率π和密率叫作“祖率”。

二是注解《九章算术》，并著《缀术》。此书在唐朝时首先作为太学《算经十书》之一，被列为课本，且需学习4年。以“学官莫能究其深奥”而著称，后来，此书传入朝鲜、日本，也被当作教科书。可惜这部珍贵的典籍到北宋时竟失传了。

尽管今天已无从知道《缀术》的具体内容，但从该书在唐代官学中的学习年限及史书中相关的零星记载，仍可以想见其学术价值。

三是球体积的计算。祖冲之与他的儿子一起，用巧妙的方法解决了球体体积的计算。他们当时采用的原理，在西方被称为“卡瓦列利”（Cavalieri）原理，但这是在祖冲之以后1000多年才由意大利数学家卡瓦列利发现的。为了纪念祖氏父子发现这一原理的重大贡献，数学上也称这一原理为“祖暅原理”。

6世纪中国人绘制的星象图

1974年在河南洛阳北郊的一座北魏墓的墓顶，发现了一幅绘于北魏孝昌二年（526年）的星象图，全图有星辰300余颗，有的用直线联成星座，最明显的是北斗七星，中央的银河贯穿南北。整个图直径7米多。这幅星象图是中国目前考古发现中年代较早、幅面较大、星数较多的一幅

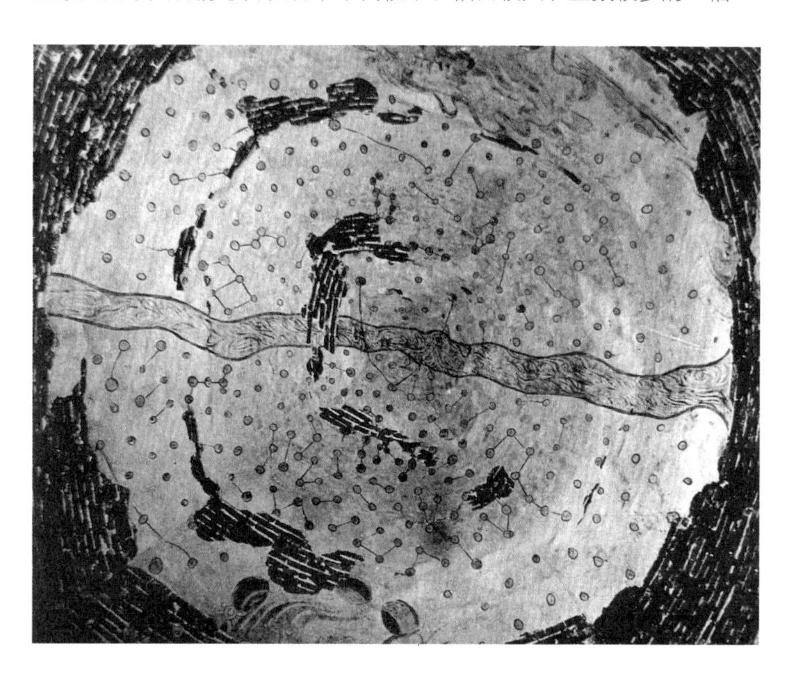

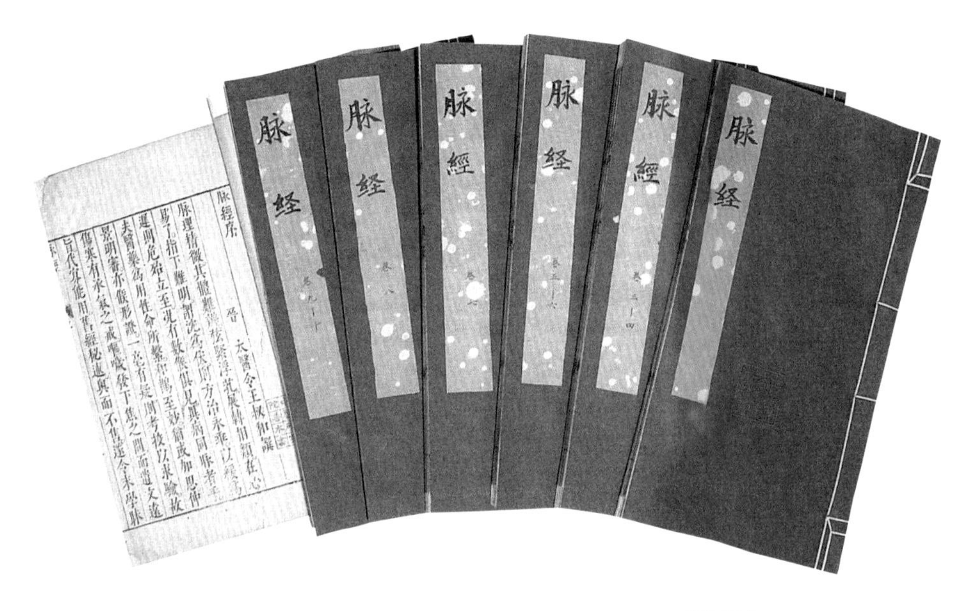

《脉经》

魏晋时期的四大医学成就

一是《脉经》面世，首次对中医脉学理论进行系统全面的论述，奠定了中医脉学基础。《脉经》由西晋人王叔和编撰，是中国现存最早的脉学专著。全书共 10 卷 98 篇。其学术成就和贡献是：奠定 24 种脉象名称的种类基础，成为此后历代脉书中脉名及其分类的基本准则；首开脉象鉴别先河，确立 3 部脉法和脏腑分候定位；总结脉象临床意义。《脉经》对脉象临床意义做了较为系统的总结和大量论述，反映出当时的脉象病理研究已达到较高水平，同时一直对临床有重要参考价值。

《脉经》问世后，在国内外医学发展史上影响极大。如唐代太医署就把它作为必修课程。该书经西藏又传入印度、阿拉伯世界。中世纪阿拉伯的《医典》中有关脉学的内容，多大同小异，可见《脉经》在国内外影响之深远。

二是《针灸甲乙经》编成，它全面系统地总结了晋代以前针灸学的辉煌成就，在中国独具特色的针灸疗法的发展中，发挥了承前启后、继往开来的重大作用。《针灸甲乙经》为晋代著名医家皇甫谧撰成，是中国现存最早的一部针灸专著。唐代医家称之为“医人之秘宝”，向来被历代医家所推崇，至今仍是学习中医、针灸理论不可多得的必读经典之一。全书共分12卷128篇，全面概括了针灸史、脏腑经络、病因病理、腧穴、刺灸临床治疗等各个方面，既有系统理论又有丰富宝贵的临床经验。

三是《肘后卒救方》的撰写，开拓了医学上的新领域，尤其是在临床急症医学方面做出了突出的贡献。《肘后卒救方》的作者是东晋医药学家葛洪，此人亦是道教学者和著名炼丹家。

《肘后卒救方》书名的意思是可以常常备在肘后（带在身边）的应急书，全书3卷。书中

西安大雁塔前广场上的雕塑
图中左侧老者腰间“悬壶”，“悬壶”是中医行医的标识

除了收集了大量救急用的方子，还收集了很多珍贵的医学资料。该著作更重要的是首次提到并准确描述了一些传染性、流行病等。如对于天花的危险性、传染性的描述及恙虫病、疥虫病之类的寄生虫病的描述，是世界医学史上出现时间最早、叙述最准确的。书中提到的结核病的主要症状及结核病“死后复传及旁人”的特性等，可以说其论述的完备性并不亚于现代医学。

书中还记载了被疯狗咬过后用疯狗的脑子涂在伤口上治疗的方法，该方法比狂犬疫苗的使用更快捷，而且有效，可以称得上是免疫学的先驱。

四是《本草经集注》的整理，首创按药物的自然属性和医疗属性的分类法，并推动形成具有中药学特色的一门学科，即中药炮制学。《本草经集注》是由南朝名医陶弘景（456—536）在《神农本草经》和《名医别录》的基础上综合而成的一部药物学专著，被认为是继《神农本草经》后，本草学史上的另一里程碑。该书收药730种，把药物从原有的三品分类法改成按药物的自然属性和医疗属性的分类法，这种分类法，后来成为中国古代药物的标准分类法，一直沿用和不断充实。在药物学方面，对各种药物进行加工制作，目的是去除杂质、便于保存、减除毒性、增强药效等等，对推动形成具有中药学特色的一门科学——中药炮制学，具有重要意义。

知识窗

“悬壶”一词的来历

古代行医者和药铺前常悬挂着一只葫芦作为标志，并谓之“悬壶”。其实，“悬壶”来自古代的神话故事。晋代葛洪撰写的《神仙传》及《后汉书》中都有记载：汝南（今河南上蔡县）有一药铺，药铺的屋檐上悬一空壶，铺主是位远来的老翁，不知其姓，行为又有些神秘。他卖药从不许还价，但药特别灵验，每到日落散市，老翁即跳入屋檐前的葫芦中。时间一久，此事被楼上的街市小官发现了，他知道老翁并非凡人，遂在悬壶处摆上供品，以示恭敬。典故里讲的是卖药，但因古代医药不分家，“悬壶”也就逐渐成了中医的代名词。

中医的代名词除了“悬壶”和前面提到的“杏林”外，还有一个名词至今仍被沿用，即“岐黄”。相传黄帝和他的大臣岐伯论医而作《内经》，人们认为他们是中医的开山之祖，“岐黄”逐渐演变成中医的代称。

僧一行与《大衍历》

一行像

僧一行（683—727），俗名张遂，魏州乐昌（今河南省南乐县）人。他是唐代著名高僧，也是杰出的天文学家。一行20岁左右便博览经史，对天文历算尤感兴趣。他精通玄学，读过扬雄的《太玄经》，时人称赞一行是颜回再世。当时，武则天的侄子武三思曾想与一行结交。一行鄙视武氏躲而不见，后怕惹祸上身便出家为僧，取名一行。

唐开元九年（721）九月，已用50多年的《麟德历》预报日食不准，于是唐玄宗下令改历。唐玄宗派人请一行进京主持修订新历法。一行主张要在实测日、月、五星的基础上，编制新历，他说："今欲创历立之，须知黄道进退，请更令太史测候"。为了使实测能得到精确数据，一行首先和机械制造专家梁令瓒合作创制了黄道游仪、水运浑天仪等大型天文观测仪。这两种仪器虽说分别源自唐初天文学家李淳风所做的浑仪和东汉张衡所做的水运浑天仪，但一行与梁令瓒有所创新和发展。如他们在水运浑天仪上安上自动报时器："立二木人于地平之上，前置鼓以候辰刻，每一刻自然击鼓，每辰则自然撞钟。"这实际上已是世界上最早的机械钟。在漏壶的制作方面，使各部件能够"各施轮轴，钩键交错，关锁相持"，这种平行联动装置，实际上也是最早的擒纵器。这两种仪器的创制，为修订历法准备了物质技术条件。

在此基础上，开元十二年（724），一行发起和组织了一次大规模的天文测量活动。他在全国南北13个地点测量春分、秋分、冬至、夏至那天中午的正午时分的日影长度和北极高度等。为了测量北极仰角，一行设计了一种叫"覆矩"的测量工具，还根据观测数据绘制了《覆矩图》24幅。根据测量数据，一行还计算出：北极高度差一度，南北两地相隔351里80步，这个数据实质上就是地球子午线（即经线）上一度的长。虽然不十分精确，却是世界上大规模测量子午线的开端。

在大规模实地观测和吸收前人研究成果的基础上，一行于开元十三年（725）开始制订新历，到开元十五年，完成初稿。历法依据《易》象大衍之数立说而取名《大衍历》。可惜就在这一年，一行因病与世长辞了。他的遗著经人整理编次，开元十七年（729）颁行，共52卷，使用约30年左右。

《大衍历》是一部具有创新精神的历法，最突出的表现在于它比较正确地掌握了太阳在黄道上运动的速度与变化规律。自汉代以来，历代天文学家都认为太阳在黄道上运行的速度是均匀不变的。一行采用了不等间距二次内插法推算出每两个节气之间，黄经差相同，而时间距却不同。这种算法基本符合天文实际，在天文学上是一个巨大的进步。不仅如此，《大衍历》应用内插法中3次差来计算月行去支黄道的度数，还提出了月行黄道一周并不返回原处，要比原处退回一度多的科学结论。《大衍历》对中国天文学的影响是很大的，直到明末历法家们都采用这种计算方法，并取得了好的效果。因此，《大衍历》被誉为“唐历之冠”。

浑天仪

东汉张衡制造漏水转浑天仪，用齿轮系统把浑象和计时漏壶连接起来，漏壶滴水推动浑象均匀地旋转，一天刚好转一周，这是最早出现的机械钟

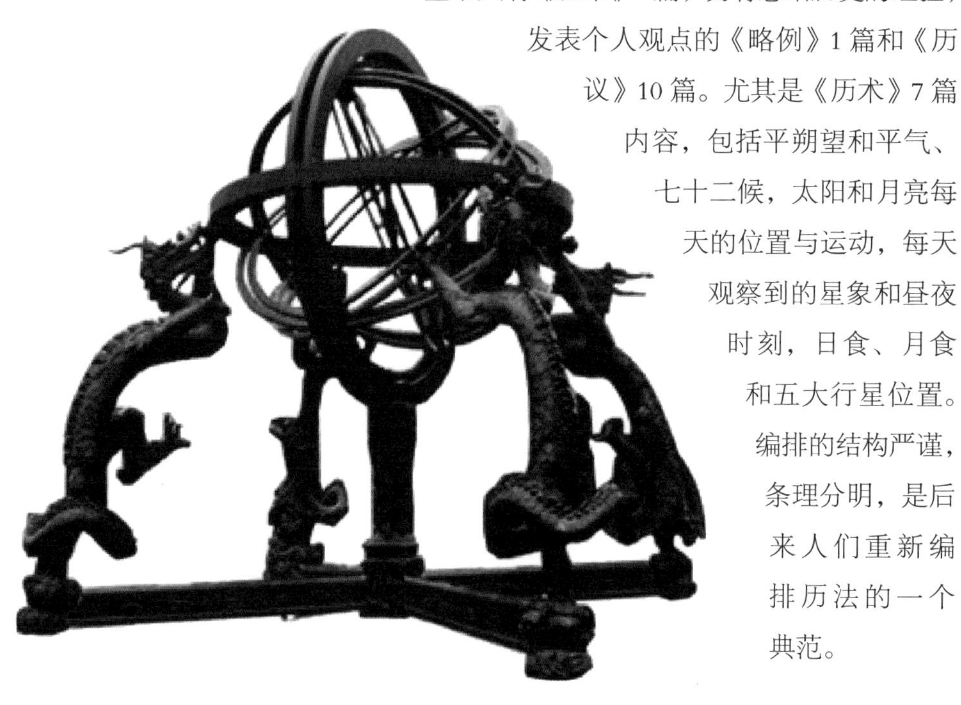

《大衍历》也是一部系统性很强的历书，全书共有《历术》7篇，另有总结历史的经验，发表个人观点的《略例》1篇和《历议》10篇。尤其是《历术》7篇内容，包括平朔望和平气、七十二候，太阳和月亮每天的位置与运动，每天观察到的星象和昼夜时刻，日食、月食和五大行星位置。编排的结构严谨，条理分明，是后来人们重新编排历法的一个典范。

1 世纪中国人发明的万象支架：被中香炉

现代的飞机、导弹和轮船不论怎样急速在空中或海上运动，都能辨认方向，这是由于安装了陀螺仪的缘故。西汉末（1 世纪）巧匠丁缓的“被中香炉”是世界上已知最早的常平支架，其构造精巧，无论球体香炉如何滚动，其中心位置的半球形炉体都能始终保持水平状态。镂空球内有两个环互相垂直而可灵活转动，炉体可绕三个互相垂直的轴线转动。其原理与现代陀螺仪中的万向支架相同

“药王”与《千金方》

在中国历史上有一位著名医家，由于他对药物学的突出贡献，而被尊为“药王”。此人就是孙思邈。

孙思邈自幼勤奋好学，日诵千言，有“圣童”之称。18 岁时，“志于学医”，在学医过程中，除手不释卷地学习医学著作外，还特别注意收集整理民间的单、秘、验方和种药采药技术，以及国外传入的医药知识，于唐高宗永徽三年（652）著成《备急千金要方》（简称《千金要方》）30 卷，以后又完成了《千金翼方》30 卷。《千金翼方》是对《千金要方》

唐代煎药用银提梁锅

此锅为陕西西安何家村出土的唐代煎药用具。唐代医学发达，药物主要以植物煎熬而成

的补编。书名含有和《千金要方》相辅相济、比翼双飞的意思。孙思邈在书中的自序里说“人命至重，贵于千金”，所以取名“千金方”。

这两部书的成就主要体现在两个方面：一是药物学研究。《千金要方》载方5000多个，书中内容既有诊法、症候等医学理论，又有内、外、妇、儿等各科的临床经验；既涉及解毒、急救、养生、食疗，又涉及针灸、按摩、导引、吐纳，可谓是对唐代以前中医学发展的一次很好的总结。而《千金翼方》载方约2000多个，书中内容涉及本草、妇人、伤寒、小儿、养性、补益、中风、杂病、疮痈、色脉以及针灸等各个方面，对《千金要方》作了必要而有益的补充。书中收载的800余种药物当中，有200余种详细介绍了有关药物的采集和炮制等相关知识。时至今日，很多内容仍起着指导作用，有极高的学术价值，确实是价值千金的中医瑰宝。难怪后人称《千金方》为“方书之祖”。二是对张仲景的《伤寒杂病论》有很深的研究。书中将晋唐时期

医用串铃

已经散失到民间的《伤寒论》条文收录其中，单独构成九、十两卷，这不仅对于《伤寒论》条文的保存和流传起到了积极的推动作用，为后世研究《伤寒杂病论》也提供了门径。而且对广义伤寒增加了更具体的内容，创立了从方、证、治三方面研究《伤寒杂病论》的方法。这两部著作对后世影响很大，为唐代以后许多中医药书籍所引据。尤其《千金要方》宋、元、明、清历代均有刻印，流传甚广。

孙思邈一生还非常注重医学道德的修养。在他的《千金要方》一书中，首列《大医习业》与《大医精诚》两篇，这

求医图

此图采自敦煌莫高窟 217 窟。此画面左面一医生手持白色手杖，后随助手，怀抱出诊包一类物件。前面着绿色上衣女性为病家，迎接医生到来，其厅堂正坐者为主妇，旁坐者抱一婴孩，即患者。此画生动地描绘了唐代医生出诊的情况

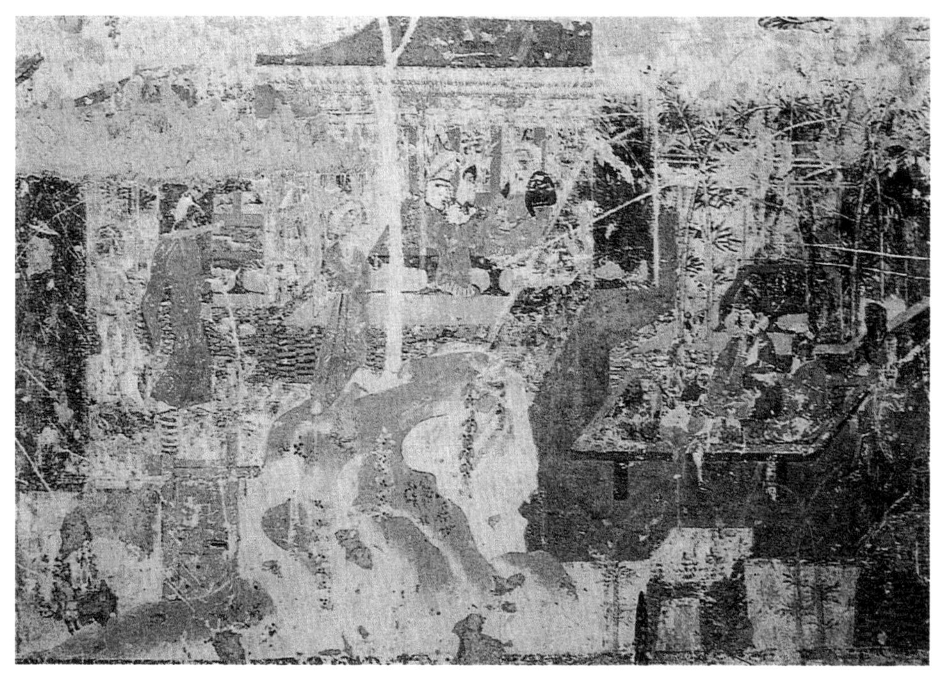

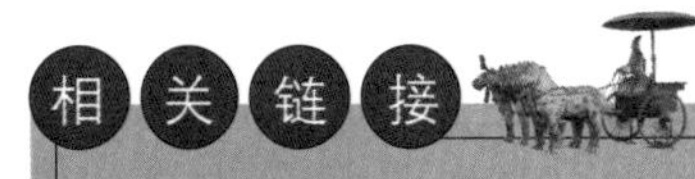

医用串铃为何又称为“虎衔”？

古代行医卖药者都视串铃为护身符。相传药王孙思邈有次进山为人治病时被一只猛虎挡住了去路，他发现老虎伏在地上张开大口猛喘粗气，老虎的眼中露出哀求的神色。出于职业敏感，他带着惊奇走近老虎，看到老虎的喉咙被一根兽骨卡住。他想为老虎掏出兽骨，又怕虎兽性发作。犹豫间，忽然想起药担子上有只铜圈，便将其放进虎口撑住老虎的上下颚，兽骨顺利取出。此事传开，行医者纷纷效仿，外出行医必备铜圈，后铜圈逐渐为手摇响器所代替。这样，一来可以作为行医标志，二来行医者有了护身符。

是中国最早的较为完整的医德文献专论，是高尚的医德与高超的医技两相结合的医德规范。他指出：“凡大医治病，必当安神定志，无欲无求，先发大慈恻隐之心，誓愿普救含灵之苦。”他的这种真挚而朴素的救死扶伤的人道主义精神，在当时极为难能可贵。而在现代，依然是值得学习和提倡的。

印刷术、指南针与火药的发明

印刷术、指南针、火药和造纸术并称为中国古代科技的四大发明。

印刷术。中国作为印刷术最早的发源地，对世界上许多国家都有着直接或间接的影响。中国印刷术的起源与发展主要经历了雕版印刷与活字印刷两大阶段。

中国大约在 3 世纪的晋代，随着纸和墨的出现，印章亦流行起来。4 世纪时（东晋），道教徒把印章放大，以印制文字稍多的符咒。这实际上是一种以盖章的方式印刷文字的方法。与此同时，石碑拓印也在发展，把印章和拓印结合起来，再把印章扩大成一个版面，蘸好墨，仿照拓印的，把纸铺到版上印刷，即为雕版印刷。

雕版印刷术起源于何时，学术界一直争论不休，自从1900年在甘肃敦煌千佛洞发现有一卷雕版印刷的《金刚经》（现收藏在英国伦敦博物馆）后，学术界的认识开始趋同。原因是这次发现的雕版印刷的《金刚经》，末尾题有“咸通九年四月十五日王玠为二亲敬造”字样，咸通九年，即868年。这是目前世界上发现的有确切日期的最早的印刷品。印刷术的产生是一个长期的过程。由是学者认为：中国雕版印刷术的产生年代当在隋至唐初或更早。

所谓雕版印刷术，就是在尺寸相等的木板上，刻出凸出

敦煌千佛洞唐代《金刚经》

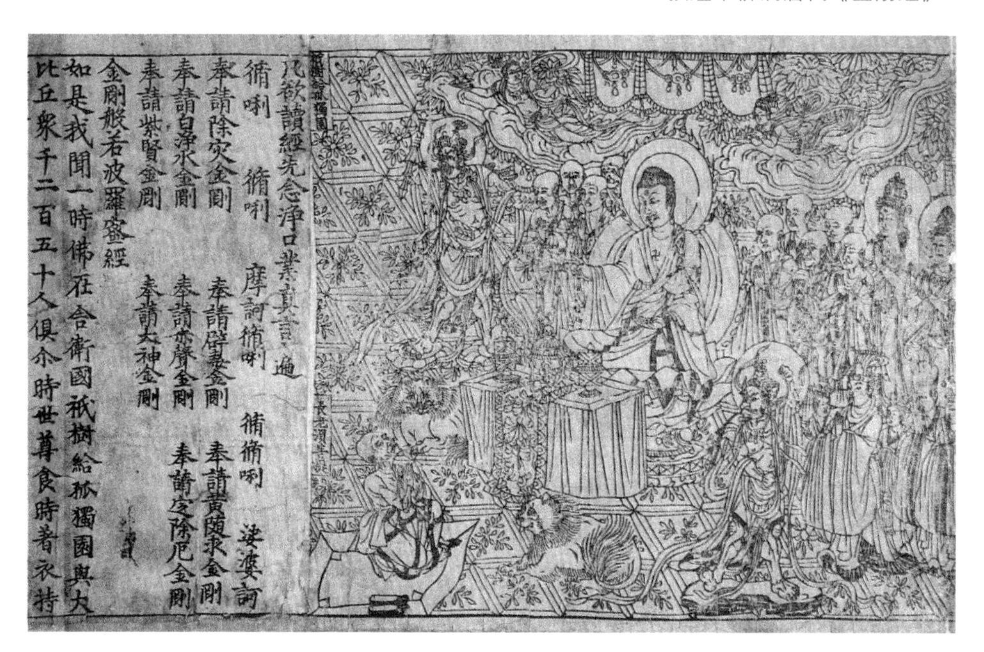
凡欲讀經先念淨口業真言遍
脩唎 脩唎 摩訶脩唎 脩脩唎 娑婆訶
奉請除災金剛 奉請辟毒金剛 奉請黄隨求金剛
奉請白淨水金剛 奉請赤聲金剛 奉請定除厄金剛
奉請紫賢金剛 奉請大神金剛
金剛般若波羅蜜經
如是我聞一時佛在舍衛國祇樹給孤獨園與大
比丘衆千二百五十人俱尒時世尊食時著衣持

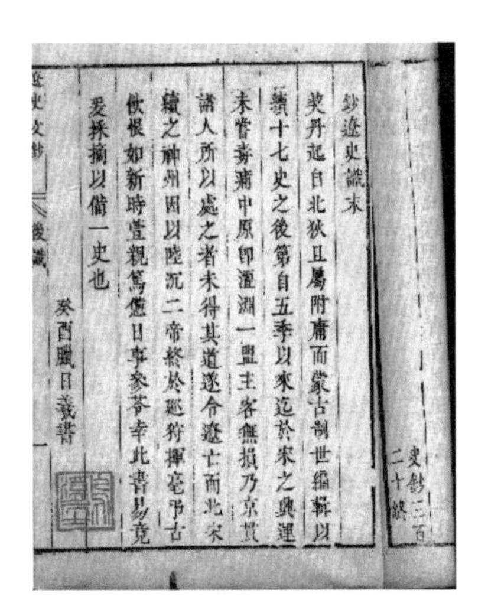

鈔遼史識末
契丹起自北狄且屬附庸而蒙古制世編輯以
續十七史之後第自五季以來迄於宋之興運
未嘗蕩靖中原即澶淵一盟主客無損乃京貫
諸人所以處之者未得其道遂令遼亡而北宋
續之神州因以陸沉二帝終於遐狩揮毫予古
使根如新時豈親篤慮日事參苓幸此書易竟
爰採摘以備一史也
癸酉臘日羲書

明代木刻本《辽史文钞》

1974 年山西应县木塔内出土的辽代雕版印刷珍品《炽盛光九曜图》

来的反写文字或插图，再在版面上涂墨铺纸，轻轻一刷，就印出正写的文字和图了。雕版印刷术发明后，可使千百部书籍一次印刷出版，对文化的传播起了很大的作用。宋代（960—1279）已是雕版印刷发展的全盛时代。971 年成都刻印全部 5048 卷的《大藏经》，雕版共计 13 万块。至今中国仍保存着大约 700 本宋代的雕版印刷的古籍，清晰精巧的字迹使之被认为是稀有的书中典范。但雕版印刷的工艺中，刻板费时费工，大部头的书往往要花费几年的时间，存放版片又要占用很大的地方，而且常会因变形、虫蛀、腐蚀而损坏。印量少而不需要重印的书，版片就成了废物。此外雕版发现错别字，改起来很困难，常需整

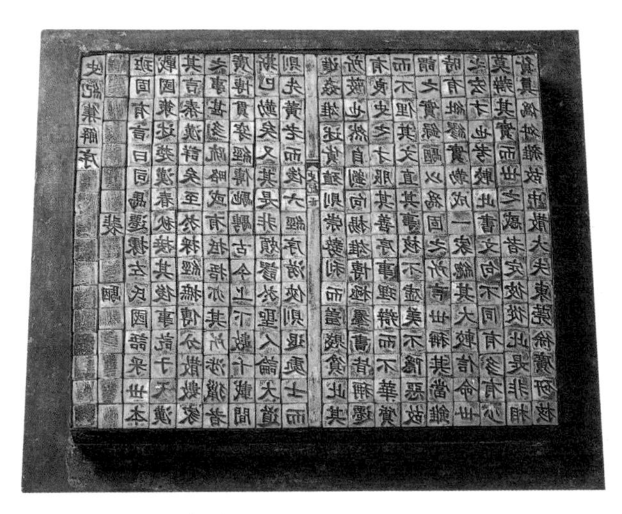

北宋泥活字版示意模型

块版重新雕刻。于是，一种更简便、更经济的印刷技术便应运而生，它就是活字印刷术。

所谓活字印刷术，根据沈括在《梦溪笔谈》中的具体记载，得知是北宋庆历年间（1041—1048）由平民毕昇（？—约 1051）发明的。其方法是用胶泥制字，一个字为一个印，用火烧硬，使之成为陶质。排版时先预备一块铁板，铁板上放松香、蜡、纸灰等的混合物，铁板四周围着一个铁框，在铁框内摆满要印的字印，摆满就是一版。然后用火烘烤，将混合物熔化，与活字块结为一体，趁热用平板在活字上压一下，使字面平整，便可进行印刷。用这种方法，如果印数多了，几十本以至上千本，效率就很高了。为了方便，常用的字如“之”“乎”“者”“也”等字，每字制成 20 多个印字，以备一版内有重复时使用。没有准备的生僻字，则临时刻出，用草木火马上烧成。从印版上拆下来的字，都放入同一字的小木格内，外面贴上按韵分类的标签，以备检索。毕昇起初用木料作活字，实验发现木纹疏密不一，遇水后易膨胀变形，

元代王祯设计发明的转轮排字盘（模型）
王祯，山东东平人，是一位农学家，做过几任县官，他留下一部总结古代农业生产经验的著作——《农书》。王祯关于木活字的刻字、修字、选字、排字、印刷等方法都附在这本书内。他用轻质木材做成一个大轮盘，直径约7尺，轮轴高3尺，轮盘装在轮轴上可以自由转动。把木活字按古代韵书的分类法，分别放入盘内的一个个格子里。他做了两副这样的大轮盘，排字工人坐在两副轮盘之间，转动轮盘即可找字，这就是王祯所说的“以字就人，按韵取字”。这样既提高了排字效率，又减轻了排字工的体力劳动，是排字技术上的一个创举

与黏药固结后不易取下，才改用胶泥。

活字印刷术在元、明、清逐渐普及，尤其是在清朝由于得到政府的支持而空前发展。十五、十六世纪之际，已开始用金属材料造活字，主要是铜活字较为流行，最大的工程要算印刷数量达万卷的《古今图书集成》了，估计用铜活字达100万—200万个。

中国的印刷术，对世界印刷术的发展起了重要影响。朝鲜在 12 世纪铸成了铜活字，15 世纪初又铸成铁活字。约 14 世纪时，日本又从朝鲜间接传入活字印刷术。中国的活字印刷术又经由新疆传到波斯和埃及，再传入欧洲。1450 年左右，德国的谷登堡受中国活字印刷影响，用铅、锡、锑的合金制成了欧洲拼音字母的活字，用来印刷书籍。印刷术为欧洲的科学从中世纪漫长黑夜之后突飞猛进地发展，以及文艺复兴运动的出现，提供了一个重要的物质条件。

《古今图书集成》

全书共 10000 卷。清朝康熙时期由福建侯官人陈梦雷（1650—1741）编辑。初版本有 5020 册，50 多万页，17000 多万字，万余幅图片。本书编成后，于雍正四至六年（1726—1728）由清内府用铜活字排印成 65 部（包括样本 1 套），称“铜字版”，至今仅存十余部，在国家图书馆与中国台湾皆有藏

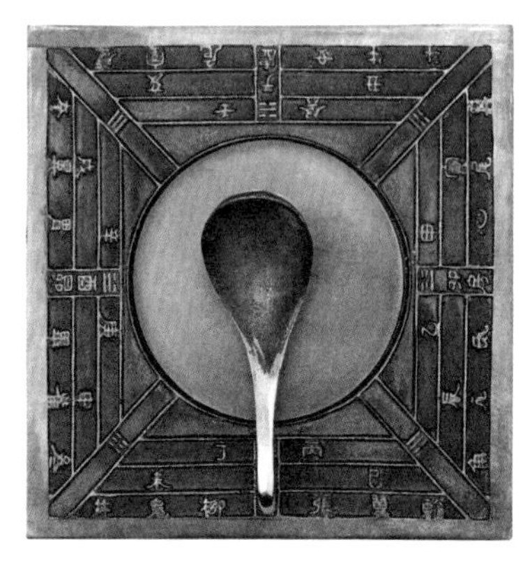

公元前 3 世纪中国人发明的一种指示南北方向的指南器——司南
司南是用天然磁石琢磨成的，样子像勺，圆底，置于平滑的刻有 24 个方位的“地盘”上，其勺柄能指南

指南针。指南针是利用磁铁在地球磁场中的南北指极性而制成的一种指向仪器。中国是世界上最早发现磁铁指极性的国家。早在公元前 3 世纪的战国时期，就利用磁铁的指极性发明了指南仪器——司南。《韩非子·有度篇》里有“先王立司南以端朝夕”的话，“端朝夕”就是正四方的意思。

还有一种车上安装木头人，车子里边有许多齿轮，无论车子如何转动，木头人的手总是指向南方的“指南车”。1 世纪初，即东汉初年，王充在《论衡》中记述了磁勺柄指南的史实。但“司南”等由于是用天然磁石制成的，容易失去磁性，使用起来既不方便，效果又不很好。经过长期实践和反复试验，北宋时人们发现了人工磁化的方法，即用天然磁石磨成钢针，制出磁针。这种经过磁化

水浮法指南针（模型），这种指南针最早应用于航海导向

三国时马钧创制的指南车（模型）
它利用齿轮传动系统和离合装置指示方向，在特定条件下，车子转向时，木人手臂仍保持指南

了的钢针就被正式叫作指南针了（由于磁针轴受地球磁极的影响，而且地磁轴与地球自转轴有个11度多的交角，磁针所指示的南北方向实际上是地球磁极的南北方向）。

据北宋沈括《梦溪笔谈》的记载，指南针的制作方法各种各样，有的把磁针浮在水上，有的放在碗沿，有的放在指甲上，有的用线悬在空中。但较为精确的指南针，是把磁针装在刻有方位的罗盘上，所以，指南针又叫作罗盘针。罗盘的出现是指南针发展史上的一大进步，人们只要一看磁针在方位盘上的位置，就能定出方位来。有关罗盘的记载，在南宋的《因话录》中即已出现。不过，此时的罗盘，还是一种水罗盘，磁针是横贯着浮在水面上的。明代又出现了旱罗盘。旱罗盘的磁针是以钉子支在磁针的重心处，支点的摩擦阻力很小，磁针可以自由转动。旱罗盘比水罗盘的性能优越，更

南宋发明的指南龟

指南龟用木头刻成龟形，有手指大小，木龟腹中置入一块天然磁铁，磁铁的 S 极指向龟头，用蜡封好后，从龟口插入一根针，就成为指南龟。木龟安放在尖状立柱上，静止时首尾分指南北。指南龟发明年代不晚于 1325 年

适用于航海，因为它的磁针有固定的支点，不致在水面上游荡。

指南针的发明，对中国航海等事业的发展有巨大意义，而且随着指南针的外传，也大大推动了世界航海事业的发展和中西文化的交流。

火药。火药是在适当的外界能量作用下，自身能进行迅速而有规律地燃烧，同时生成大量高温燃气的物质。中国是火药的发明地，德国哲学家恩格斯曾说:“现在已经毫无疑义地证实了，火药是从中国经过印度传给阿拉伯人，又由阿拉伯人和火药武器一道经过西班牙传入欧洲。”

中国人为什么会发明火药？如果告诉你说，火药的发明是源于寻求长生不老，你一定会以为是天方夜谭，但事实确实如此。中国古时的那些幻想“得道成仙”的帝王将相们常常令术士（现代称化学家）炼制“灵丹妙药”，而这些人在炼丹过程中虽没有炼成仙丹，却发明了火药。

火药发明的具体年代已无从查考，但根据唐代著名药物学家兼炼丹家孙思邈所写的《丹经》和宋代路振的《九国志》等资料的记载可以推断，火药发明的时间应在唐代以前，距今已经有 1000 多年的历史了。

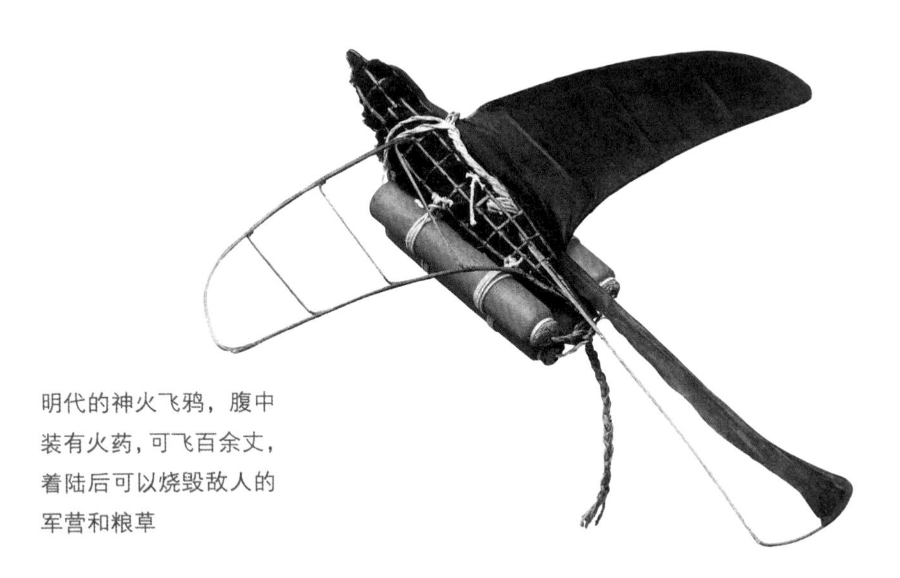

明代的神火飞鸦，腹中装有火药，可飞百余丈，着陆后可以烧毁敌人的军营和粮草

据《宋史》记载，宋神宗时设置了军器监，统管全国的军器制造。军器监下分十大作坊，生产火药和火药武器各为一个作坊，当时的生产规模："同日出弩火药箭七千支，弓火药箭一万支，蒺藜火炮三千支，皮火炮二万支。"

南宋时出现了管状火器。1132 年陈规发明了火枪。火枪是由长竹竿做成，先把火药装在竹竿内，作战时点燃火药喷向敌军。1259 年，寿春地区有人制成了突火枪。突火枪是用粗竹筒做的，这种管状火器与火枪不同的是，火枪只能喷射火焰烧人，而突火枪内装有"子巢"，火药点燃后产生强大的气体压力，把"子巢"射出去。"子巢"就是原始的子弹。现代枪炮就是由管状火器逐步发展起来的。所以管状火器的发明是武器史上的又一大飞跃。

到了元明之际，这种用竹筒制造的原始管状火器改用铜或铁，铸成大炮，称为"火铳"。1332 年的铜火铳，是世界

上现存最早的有铭文的管状火器实物。

明代在作战火器方面，发明了多种“多发火箭”。如同时发射 10 支箭的“火弩流星箭”；发射 32 支箭的“一窝蜂”；最多可发射 100 支箭的“百虎齐奔箭”等。明燕王朱棣（即后来的明成祖）与建文帝战于白沟河，就曾使用了“一窝蜂”。这是世界上最早的多发齐射火箭，堪称是现代多管火箭炮的鼻祖。

尤其值得提出的是，当时水战中使用的一种叫“火龙出水”的火器。据《武备志》记载，这种火器可以在距离水面三四尺高处飞行，远达两三里。这种火箭用竹木制成，在龙形的外壳上缚 4 支大“起火”，腹内藏数支小火箭，大“起火”点燃后推动箭体飞行，“如火龙出于水面”。火药燃尽后点燃腹内小火箭，从龙口射出，这是世界上最早的二级火箭。

火箭的发展，使人产生了利用火箭的推力飞上天空的愿望。根据史书的记载，14 世纪末，明朝的一位勇敢者万户坐在装有 47 个当时最大的火箭的椅子上，双手各持一个大风筝，试图借助火箭的推力和风筝的升力实现飞行的梦想。尽管这是一次失败的尝试，但万户被誉为利用火箭飞行的第一人。为了纪念万户，月球上的一个环形山以万户的名字命名。

古代的“二级火箭”

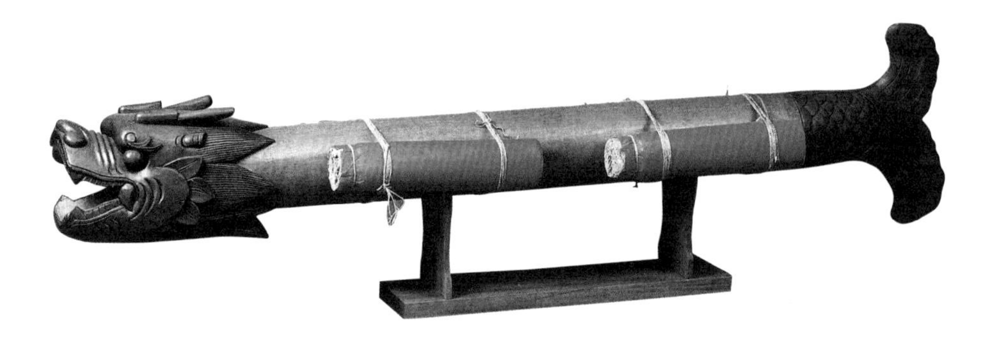

世界天文钟的祖先：北宋水运仪象台

水运仪象台是中国古代一种大型的天文仪器。它是集观测天象的浑仪、演示天象的浑象、计量时间的漏刻和报告时刻的机械装置于一体的综合性观测仪器，实际上是一座小型的天文台，也是世界上最古老的天文钟。

宋哲宗元祐三年（1088），在当时著名天文学家和机械师苏颂的领导下，制成了水运仪象台，设在当时的汴京（今河南开封）。关于这台仪器的设计、制作、功能等情况，在苏颂所著的《新仪象法要》中，有相当详细的文字与图解介绍。根据《新仪象法要》的记载，水运仪象台是一座底为正方形、下宽上窄的木质结构建筑，高约12米，宽约7米，共分为3层。

上层是一个露天的平台，设有浑仪一座，用龙柱支持，下面有水槽以定水平。浑仪上面覆盖有遮蔽日晒雨淋的木板屋顶，为了便于观测，屋顶可以随意开闭，构思比较巧妙。露台到仪象台的台基有7米多高。中层放置浑象。天球的一半隐

世界天文钟的祖先：北宋水运仪象台（模型）
1088年，北宋苏颂制造的水运仪象台，把天文仪器和报时器合为一体。中外学者认为，水运仪象台是近代机械钟的发端，是欧洲天文钟的祖先，被誉为“中国的天文钟”

没在“地平”之下，另一半露在“地平”的上面，靠机轮带动旋转，一昼夜转动一圈，真实地再现了星辰的起落等天象的变化。下层设有向南打开的大门，门里装置有五层木阁，每层木阁里都有数量不等（少则几个，多则几十个）的木人在每个时辰初、正和每刻，相应的摇铃、打钟和击鼓以报时。五层木阁里的木人能够做出准确的报时动作，是靠一套复杂的机械装置“昼夜轮机”带动的。而整个机械轮系的运转依靠水的恒定流量，推动水轮做间歇运动，带动仪器转动，因而命名为“水运仪象台”。

水运仪象台是11世纪末中国杰出的天文仪器，它显现当时中国机械工程技术和力学知识的运用均已达到相当高的水平。

中国科学史上的里程碑——沈括的《梦溪笔谈》

世界著名科学家李约瑟博士在研究中国科技史的过程中，曾称誉中国整部科学史中有一位最卓越的人物，并赞许他的著作是中国科学史上的里程碑。李约瑟博士所指的就是北宋博学多才的科学家沈括和他所撰写的《梦溪笔谈》。

沈括，北宋进士。神宗时参与王安石变法运动。熙宁五年（1072）提举司天监，次年赴两浙考察水利、差役。熙宁八年出使辽国，驳斥辽的争地要求。次年任翰林学士，权三司使，整顿陕西盐政。后知延州（今陕西延安），加强对西夏的防御。元丰五年（1082）因宋军于永乐城之战中为西夏所败，连累被贬。晚年退居润州（今江苏镇江市）的梦溪园（在镇江东郊），举平生之见闻，专力撰写一部大型的综合性学术著作。因该书在梦溪园写成，故名《梦溪笔谈》。

《梦溪笔谈》是以笔记体裁形式写成的科学典籍，全书内容涉及天文、历法、气象、数学、地质、地理、物理、化学、医药、生物、建筑、冶金、文学、史学、音乐、艺术及经济等等，可以说是一部集前代科学成就之大成的巨著。《梦溪笔谈》在中国乃至世界科学发展史上的突出贡献是多方面的。

在物理学方面，《梦溪笔谈》在磁学、光学等领域的研究成果尤为卓著。在磁学领域，书中最早记载了人工磁化的一种简便方法，即“以磁石磨针锋”，造指南针。还发

北宋科学家沈括（1031—1095），字存中，钱塘（今浙江杭州市）人

集北宋以前科学成就之大成的巨著《梦溪笔谈》

全书 26 卷，按故事、辨证、乐津、象数、技艺、器用等 17 门分类记事，是最早记载毕昇发明活字印刷术的文献。清刊本

便是八除者增二便是但一位一因之若
位數少則頗簡捷位數多則愈繁不若乘
除之有常然筭術不患多學見簡即用見
繁即變不膠一法乃為通術也
版印書籍唐人尚未盛為之自馮瀛王始印
五經已後典籍皆為版本慶曆中有布衣
畢昇又為活版其法用膠泥刻字薄如錢
脣每字為一印火燒令堅先設一鐵版其
上以松脂臘和紙灰之類冒之欲印則以
一鐵範置鐵板上乃密布字印滿鐵範為
一板持就火煬之藥稍鎔則以一平板按
其面則字平如砥若止印三二本未為簡
易若印數十百千本則極為神速常作二
鐵板一板印刷一板已自布字此印者纔
畢則第二板已具更互用之瞬息可就每
一字皆有數印如之也等字每字有二十
餘印以備一板內有重複者不用則以紙
貼之每韻為一貼木格貯之有奇字素無
備者旋刻之以草火燒瞬息可成不以木
為之者木理有疎密沾水則高下不平兼

现指南针所指的方向不是正南而略微偏东的现象，也就是现代物理学所称的“磁偏角”。在光学领域，沈括透过观察实验，对小孔成像，面镜、面镜成像，及镜的放大和缩小规律做出了具体的说明，也阐述了凹面镜成像的原理。

在数学方面，书中主要研究了“隙积术”和“会圆术”等。隙积术属于求解垛积问题和高价等差级数求和问题，对此，沈括创立了一个正确的求解公式。会圆术是一个已知弓形的圆径和矢高求弧长的问题。沈括推得求弓形弧长的近似公式。之后，元代的郭守敬等在修改历法制定《授时历》中就利用了沈括的这个公式。

在天文历法方面，该书发展了前人之说，指出月亮本身并不发光，是太阳光照射在它上面才发光的，对日食、月食提出了合乎科学原理的解释。沈括还大胆主张使用与农业生产关系密切的十二气历，即以“十二气为一年”，以立春为一年之始，“大尽三十一日，小尽三十日”，“一大一小相同，纵有两小相并，一岁不过一次”，这样，可以做到“岁岁齐尽，永无闰余”。按节气定月，有利于安排农事。

在地质学方面，沈括通过对地形地貌的大量观测研究，指出泥沙的淤积作用是形成华北平原的真正原因。他首创的河北地形的立体模型很快得到推广。书中还提到对雁荡山的认真考察，断言雁荡奇峰的形成是流水的侵蚀冲刷所致。

《梦溪笔谈》还详细记载了毕昇发明活字印刷术，喻皓的《木经》及其建筑成就等。

“石油”一词是谁提出来的？

据史籍所载，从2000多年前的秦朝开始，中国就陆续在陕西、甘肃、新疆、四川、山东、广东等地发现了石油和天然气，并加以采集和利用。不过，历史上将石油称为石漆、膏油、肥、石脂、脂水、可燃水等，北宋科学家沈括（1031—1095）第一次提出了“石油”的名称。沈括于11世纪末在他的《梦溪笔谈》中说：“鄜延境内有石油，旧说高奴县出脂水，即此也。”也有书载，成书于978年的《太平广记》一书载有“石油”一词，先于《梦溪笔谈》近百年。

古代建筑科学与艺术巅峰之典籍——《营造法式》

《营造法式》是中国现存古籍中时间最早、内容最丰富的一部建筑学著作。也是当时世界上关于木构建筑的先进典籍。北宋绍圣四年（1097），由在将作监（主管土木建筑工程的机构）供职的李诫奉令编修。3年成书，成书3年后（1103）刊印颁行。该书是了解中国古代建筑学、研究古代建筑规范的重要文献。

北宋建国以后百余年间，大兴土木，宫殿、衙署、庙宇、园囿的建造此起彼伏，负责工程的大小官吏贪污成风，致使国库无法应付浩大的开支。因而，建筑的各种设计标准和有关材料、施工定额、指标等亟待规范，以明确房屋建筑的等级制度、建筑的艺术形式及严格的料例工限等，以防贪污盗窃。宋哲宗元祐年间，将作监第一次奉敕编成《元祐法式》，颁行全国。因该书缺乏用材制度，工料太宽，不能防止工程中的各种弊端，所以绍圣四年又诏李诫重新编修。

李诫，字明仲，管城县人（河南郑州），在将作监任职约13年，主持营建了不少有名的大型土木建筑工程。李诫以

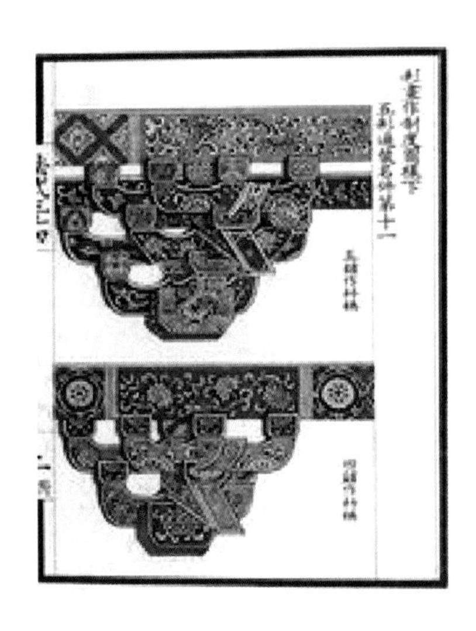

營造法式卷第一

總釋上

宮 闕
殿 樓
亭 臺榭
城 牆
柱礎 定平
取正 材
栱 飛昂

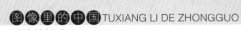

中国现存时间最早、内容最丰富的
建筑学著作——《营造法式》

他个人10余年来修建工程之丰富经验为基础，参阅大量文献和旧有的规章制度，收集工匠讲述的各工种操作规程、技术要领及各种建筑物构件的形制、加工方法，终于编成流传至今的《营造法式》，标志着中国古代建筑技术已经发展到了一个新的水平。

《营造法式》全书共36卷。书中包含各种“作”（大木作、瓦作等等）的制度、工限、料例三个主要内容以及有关附图，系统说明了当时建筑的分级、结构方法、规范要领，并按照“功分三等，役辨四时，木议刚柔，土评远近”的原则，规定劳动定额。书中在一些重大的建筑科学问题上，远远地走在当时世界的前列，突出表现在对于各种木构建筑部件的大小尺

《营造法式》中的五彩杂画图

寸，都给出了具体而明确的数据。这些数据，有许多与现代的建筑学、材料力学的原理相符，而在时间上则要早得多。例如，一根圆柱形的木头，如何从中截取矩形的梁，使其既坚固又不会浪费材料呢？李诫把技术要求和艺术要求加以综合考虑，规定了梁的横断面高度与宽度的比为3∶2。李诫的结论，既考虑了梁的强度，又考虑了梁的刚度。

纵观《营造法式》，其内容有四大特点：第一，制定和采用模数制。书中提出“以材为祖”的材份制，即以与建筑规模等级相应的某一尺度作为建筑的空间尺度及构件尺度的模数。这是中国建筑历史上第一次明确模数制的文字记载，也是建筑体系达到成熟阶段的标志。第二，设计的灵活性。

各种制度虽都有严格规定，但未规定组群建筑的布局和单体建筑的平面尺寸，各种制度的条文下亦往往附有“随宜加减”的小注，因此设计人可按具体条件，在总原则下，对构件的比例尺度发挥自己的创造性。第三，总结了大量技术经验。如砖、瓦、琉璃的配料和烧制方法以及各种彩画颜料的配色方法等。第四，装饰与结构的统一。该书对石作、砖作、小木作、彩画作等都有详细的条文和图样，柱、梁、斗拱等构件在规定它们在结构上所需要的大小、构造方法的同时，也规定了它们的艺术加工方法。

《营造法式》在北宋刊行的最现实的意义是严格的工料限定标准，既便于生产，也便于检查，有效地杜绝了土木工程中贪污盗窃的现象。

《营造法式》书中插图

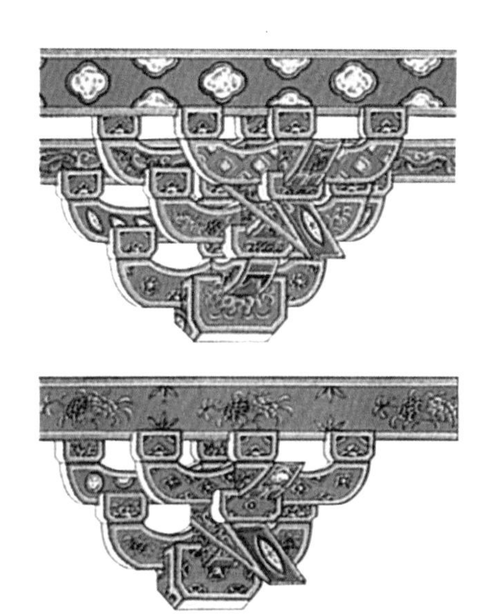

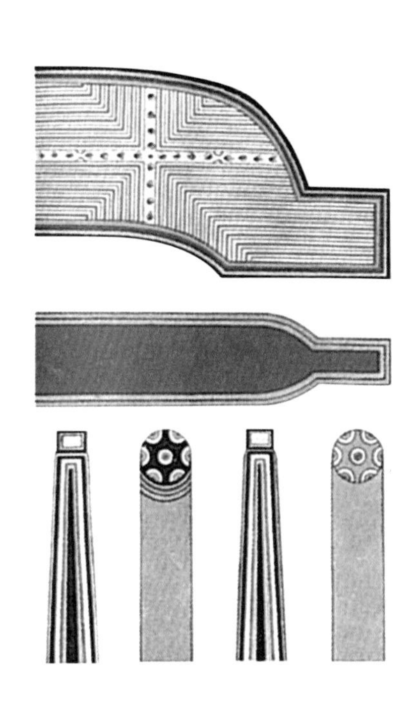

世界最早的法医著作——《洗冤集录》

1247年，对法医界来说是一个极其值得纪念的历史时刻。因为在这一年，中国出版了不仅仅是中国历史上，也是世界历史上的第一部较为完整的法医学专著《洗冤集录》。该书传至海外后相继被翻译成朝鲜、日、英、法、德、俄等多国文字。

《洗冤集录》的作者就是被世人尊为法医学鼻祖的宋慈。宋慈（1186—1249），南宋建阳（今属福建）人。他曾经4次出任法官，对审判断罪非常慎重。尤其是在任提点刑狱官的过程中，曾深入实地调查，迅速清理了一批重大的悬案、要案和冤假错案，从200多名待决的死囚中，拯救了一批无辜者，由此声名大振，时人称他“以民命为重”“听讼清明，决事刚果”。他在20多年的实践中，积累了丰富的经验，参考当时的其他一些法医学书籍，最终写成了这部远播海外的著作。

世界最早的法医著作——《洗冤集录》

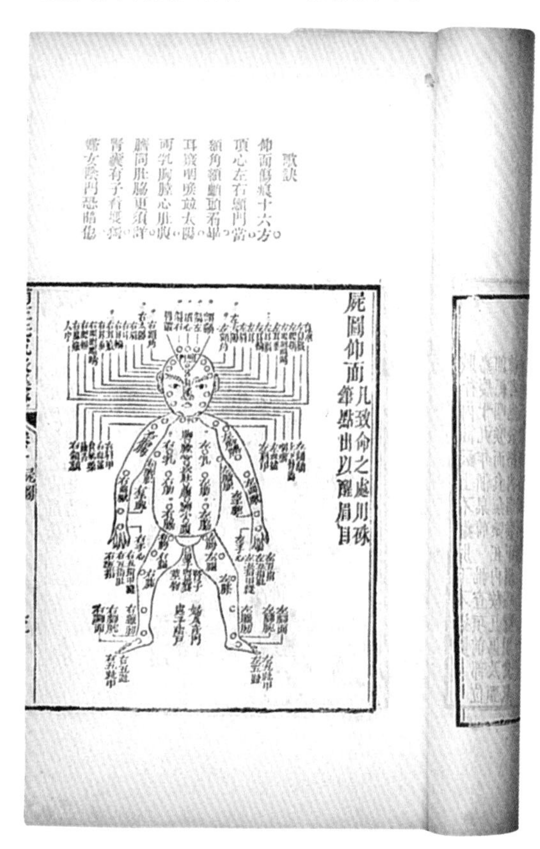
歌訣
仰面傷痕十六方。
頂心左右顖門當。
耳竅咽喉兼太陽。
兩乳胸膛心肚腹。
臍同脇腸更須詳。
婦女陰門恐暗傷。

屍圖仰面 凡致命之處用硃筆點出以醒眉目

《洗冤集录》全书总共有5卷53目，每目下又分条。内容可分为四个方面：宋朝公布的有关法令；法医检验工作的总结，包括了检验准则、操作程序等；尸体伤害检验及区别方法；急救法和需要的药方等。《洗冤集录》中的科学成就是多方面的。举其要者：

第一，对一些主要的尸体现象，已经有了较为明确的认识。如《洗冤集录》中称："凡死人，项后、背上……有微赤色。验是本人身死后，一向仰卧停泊，血脉坠下致有此微赤色，即不是别致他故身死。"这里所称"血坠"，即是现代法医学中的"尸斑"。

第二，提出了自缢、勒死、溺死、外物压塞口鼻死四种机械性窒息的鉴别方法。如关于缢死症象的论述指出：自缢伤痕"脑后分八字，索子不交"。关于勒死与缢死不同之处在于项下绳索交过，绳索多缠绕数周。对于溺死的征象，书中强调"腹肚胀，拍着响""手脚爪缝有沙泥""口鼻内有水沫"等。

第三，对机械性损伤进行了系统论述。本书依照唐宋法典的规定，将机械性操作明确区分为"手足他物伤"与"刃伤"两大类。对于刃伤的特点，书中描述为："尖刃斧痕，上阔长，内必狭；大刀痕，浅必狭，深必阔；刀伤处，其痕两头尖小"等。对于刃伤的生前死后鉴别，书中也做了极为详尽的论述。此外，本书还对中暑死、冻死、汤泼死与烧死等高低温所致的死亡症象作了描述，对现场尸体检查的注意事项做了系统地归纳。

总之，自南宋以来，《洗冤集录》成为历代官府尸伤检验的蓝本，曾定为宋、元、明、清各代刑事检验的准则，在中国古代司法实践中发挥过重大作用，在世界法医学史上占有十分重要的地位。

王惟一与针灸学

中医针灸学的产生可谓源远流长。早在原始社会的氏族公社制度时期，古籍就曾记载了伏羲氏“尝味百草而制九针”“黄帝咨访岐伯、伯高、少俞之徒……针道生焉”等传说。此后历经战国秦汉时期的针灸学理论初步建立、两晋隋唐阶段的针灸学理论大发展后，至宋代则建立了更为完善的针灸机构和教育体系。而宋代针灸学成就的取得，北宋著名医家王惟一功不可没。

王惟一，或名惟德（约987—1067）。王惟一的医道很高，精于针灸。历任宋仁宗、宋英宗两朝医官。他在经穴考订和针灸学教具方面做了开拓性的贡献。

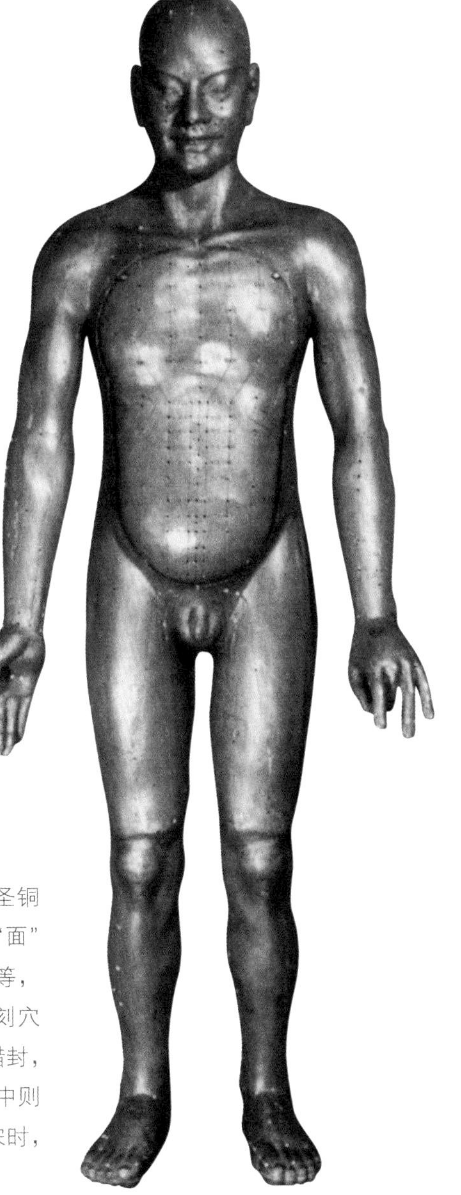

宋铸天圣铜人模型

此铜人于宋代天圣五年（1027）铸成，故又称天圣铜人。采用青铜铸造，铜质甚厚，中空，是由“背”“面”两个青铜铸件连缀而成。铜人与成年男子体型相等，躯壳可拆卸，内藏脏器，外刻穴位。铜人体表刻穴657个，可以按穴论病。考试医生时，铜人体表用蜡封，体内灌水（一说汞），针刺时如中穴则水出，未中则否。铜人铸成后一置医官院，一置相国寺。到南宋时，一座流入襄阳，不知所终

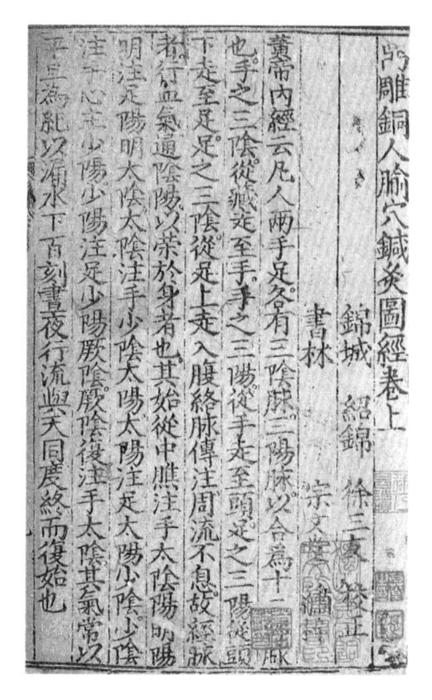
新雕銅人腧穴鍼灸圖經卷上
錦城 紹錦 徐三友 校正
書林 宗文堂 繡梓
黃帝內經云凡人兩手足各有三陰脉三陽脉以合為十二[illegible]脉
也手之三陰從臟走至手手之三陽從手走至頭足之三陽從頭
下走至足足之三陰從足上走入腹絡脉傳注周流不息故經脉
者行血氣通陰陽以榮於身者也其始從中焦注手太陰陽明陽
明注足陽明太陰太陰注手少陰太陽太陽注足太陽少陰少陰
注手心主少陽少陽注足少陽厥陰厥陰復注手太陰其氣常以
平旦為紀以漏水下百刻晝夜行流與天同度終而復始也

清刻《铜人腧穴针灸图经》

宋时，针灸学非常盛行，但有关针灸学的古籍错讹甚多，用以指导临床，往往出现不应有的差错事故。同时，医学教育的发展要求针灸学教学能更加直观些，以便于学生记忆和临床使用。根据这些情况，王惟一与同行产生了统一针灸学的念头及设想，并多次上书仁宗，请求编绘规范的针灸图谱及铸造标有十二经循行路线及穴位的铜人，以统一针灸诸家之说。仁宗以为“古经训诂至精，学者封执多失，传心岂如会目，著辞不若按形，复令创铸铜人为式”。于是王惟一负责设计，从塑胚、制模以至铸造的全部过程，他都和工匠们生活在一起，工作在一起，攻克了无数技术难关，于天圣五年（1027）终于以青铜铸成人体模型两具。在铜人还未铸成之前，王惟一还对《明堂针灸图》上的354个明堂孔穴进行了重新考订，于1026年著成《铜人腧穴针灸图经》一书，并雕印刻碑。铜人铸成后与该书同由政府颁布天下，二者相辅行世。

铜人设计和铸造的成功，是中医学史上的一大创举。因为两具针灸铜人均仿成年男子而制，躯壳由前后两件构成，内置脏腑，外刻腧穴，各穴均与体内相通，外涂黄蜡，内灌水或水银，刺中穴位，则液体溢出，稍差则针不能入，因而既可使医生按此试针，亦可供教学和考试之用。两具铜人作为最早的人体模型和针灸直观教具，在医学史上具有重要意义，它对经穴教学的形象化与直观化，做出了不可磨灭的贡献，开创了针灸学的腧穴考试要进行实际操作的先河。

明朝时期的针灸铜人体模型。通高213 厘米

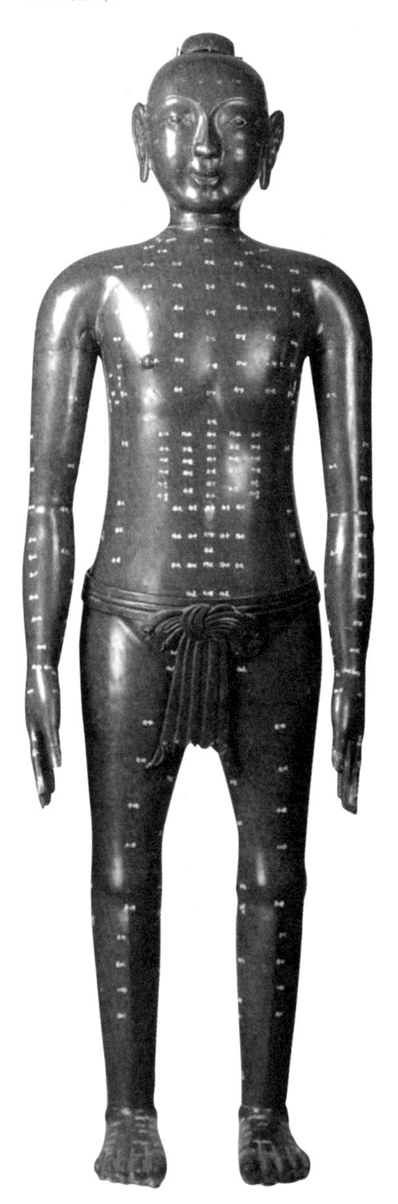

《铜人腧穴针灸图经》全书共3卷，书中把354个穴位，按十二经脉联系起来，注有穴位名称，绘制成图，为铜人注解。图样完整，内容丰富，经穴较多而系统。按照插图可查到所需用的穴位，按照穴位可查到所治之症候。书中详述各个针灸穴位间的距离长短，针刺的深浅尺度，以及主治、功效等项。上卷主要论述了十四经（心、肝、脾、肺、肾、胃、胆、大肠、小肠、膀胱、三焦、心包络、任脉、督脉）的经络循行、主治及经穴；中、下卷分别按照头、颈、躯干、四肢的顺序，详述每一经穴。书中的许多认识都大大超越了前人。特别是他把经络和穴位结合起来论述，将每一个正

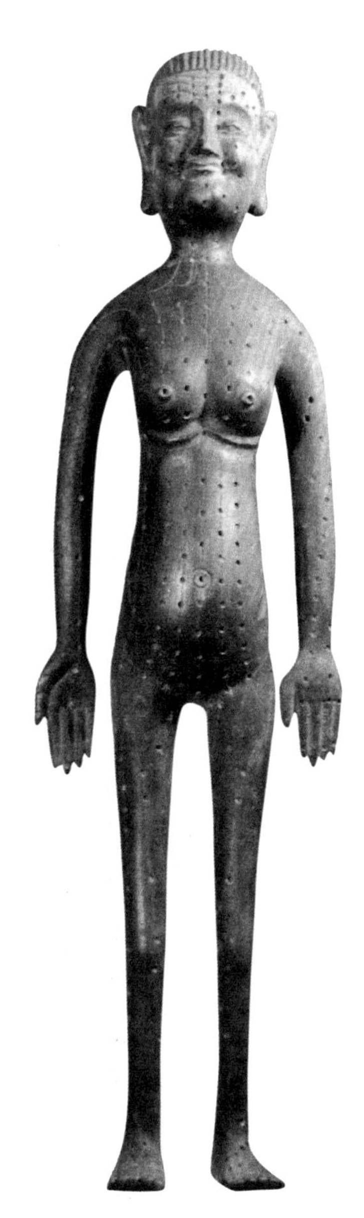
清代针灸铜人

经上的穴位排列在该经之后，并注明针穴的位置，从而克服了《针灸甲乙经》按身体部位注穴而脱离经络循行的不足，进一步完善了经穴理论，使读者对经络和穴位有了整体的认识。《铜人腧穴针灸图经》被视为中国古代针灸典籍中一部很有价值的针灸学专著。

郭守敬与元代天文学

在元代，占统治地位的蒙古族的经济、文化虽然都远落后于汉族，但天文学并没有因统治者的更换而衰落，反而在许多方面超过了前代，并将中国天文学推向鼎盛时期。这种局面的形成，郭守敬功不可没。

郭守敬（1231—1316），字若思，顺德邢台（今河北邢台）人，元代天文学家、水利学家、数学家和仪表制造家。郭守敬幼承祖父郭荣家学，攻研天文、算学、水利。13世纪下半叶，元结束了长期分裂局面，统一了全国。元世祖忽必烈重视发展农牧业生产，决定改革元朝初年沿用的历法，于是派王恂主持这项工作，由郭守敬辅助。在学术上由王恂主推算，郭守敬主观测。

古代在历法制定工作中所要求的天文观测，主要是两类。一类是测定二十四节气，特别是冬至和夏至的确切时刻；用的仪器是圭表。一类是测定天体在天球上的位置，应用的主要工具是浑仪。元初的天文仪器，都是宋金

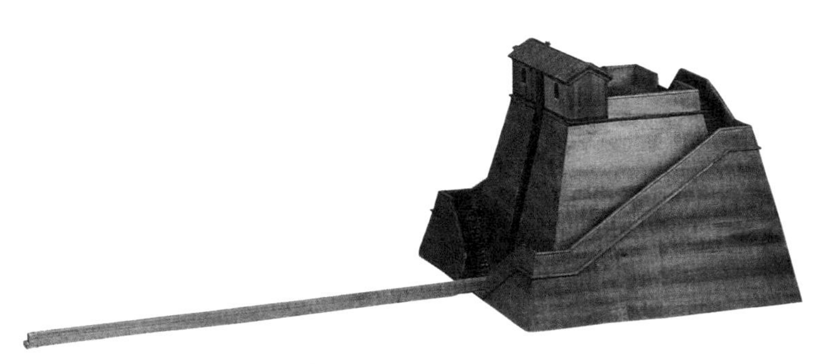

元代河南登封天文观测台模型

时期遗留下来的，已破旧不堪难以使用。郭守敬提出“历之本在于测验，而测验之器，莫先于仪表”的革新主张。他认为只有打破陈规，根据天象观察、实验，才能定出比较准确的历法。在原仪器的基础上郭守敬进行改制，并在实践中重新设计，在3年的时间里，郭守敬创制和改进了简仪、高表、候极仪、浑天象、玲珑仪、仰仪、立运仪、证理仪、景符、窥几、日月食仪等十几件天文仪器仪表，对新历的精准编算具有重大意义。

在拥有了比较先进的观测仪器仪表的基础上，经郭守敬

古代天文观测台

元代天文学家郭守敬于 1276 年创制的测量天体位置的仪器——简仪
因将结构繁复的唐宋浑仪加以革新简化而成，故称简仪。它包括相互独立的赤道装置和地平装置。赤道装置用于测量天体的去极度和入宿度（赤道坐标），与现代望远镜中广泛应用的天图式赤道装置的基本结构相同

建议，皇帝忽必烈派一批懂天文的监候官在全国 27 个地方进行了天文观测，这就是历史上有名的“四海测验”，这在全世界也是空前的。郭守敬从上都、大都开始，历经河南转抵南海跋涉数千里，亲自参加测验。郭守敬根据“四海测验”的结果，并参考了此前的几十种历法，互相印证对比，排除了子午线日月五星和人间吉凶相连的迷信色彩，按照日月五星在太空运行的自然规律，在至元十七年（1280），终于编成了新历。按照“敬授民时”的古语，定名为《授时历》，于次年正式颁行。

《授时历》的成就在于：第一，废除了过去许多不合理、

不必要的计算方法，例如避免用很复杂的分数来表示一个天文数据的尾数部分，改用十进小数等。第二，创立了几种新的算法，例如三差内插内式及合于球面三角法的计算公式等。第三，总结了前人的成果，推算并使用了一些较进步的数据，例如它采用了南宋杨忠辅统天历（1199）的成果，定回归年长度为365.2425天，比地球绕太阳一周的实际时间只差26秒，这和现在世界上通用的《格里高利历》（俗称的阳历）的周期一样，但《格里高利历》直到在16世纪才产生，比郭守敬的《授时历》要晚300多年。再如，大规模的“四海测量”，新测二十八宿距度，减少了误差，比前代测定，精密度提高了一倍。

东方医药巨典——《本草纲目》

《本草纲目》集中体现了中国古代医学的最高成就，素享“东方医药巨典”“医学之渊海”“格物之通典”等美誉。英国著名生物学家达尔文曾受益于《本草纲目》，称它为“中国古代百科全书”。

本草，其实就是“中药”。中药的品类很多，不只是草。为什么叫作本草呢？“药有玉石草木虫兽，而云本草者，为诸药中草类最多也”。《本草纲目》问世以前，中国历代有关本草的书，已有好几百种。其中作用较大、影响较久的有汉朝的《神农本草经》，南朝梁武帝时的《本草经集注》和唐朝的《新修本草》（收药844种）。明朝杰出医学家李时珍（1518—1593）在多年行医的过程中阅读了大量古医籍，又经过临床实践发现古代的本草书籍问题很多。作为职业医家的李时珍决心要重新编纂一部本草书籍，以修正谬误，正本清源。于是，在历经了近30年的“行万里路”“听各家言”“穷

李时珍木刻画像，选自《医仙图赞》

搜博采”“苦心钻研”的艰难而漫长的岁月之后，终于在1578年，写成了共有52卷、190多万字的鸿篇巨作——《本草纲目》。

《本草纲目》全书记载了1892种药物，分成60类。其中374种是李时珍新增加的药物。绘图1100多幅，并附有11000多个药方。每药标正名为纲，纲之下列目，纲目清晰。书中还系统地记述了各种药物的知识，包括校正、释名、集解、正误、修治、气味、主治、发明、附录、附方等项，从药物的历史、形态到功能、方剂等，叙述甚详。尤其是“发明”这项，主要是李时珍对药物观察、研究以及实际应用的新发现、新经验，这就更加丰富了本草学的知识。它是几千年来中国药物学的总结。这本药典，不论从它严密的科学分类，或是从它包含药物的数目之多和流畅生动的文笔来看，都远远超过古代任何一部本草著作。

《本草纲目》这部伟大著作对中医药学的卓越贡献，首先表现在它吸收了历代本草著作的精华，尽可能地纠正了以前的错误，补充了不足，并有很多重要发现和突破。如古代医书中，常常出现“鹜与凫”。它们指的是什么？历代药物学家众说纷纭。李时珍经多方探考，最后得出“鹜”是家鸭，“凫”是野鸭子的结论。凡此种种，不胜枚举。

清代胡庆余堂金铲银锅

其次是在药物分类上，《本草纲目》改变了传统的上、中、下三品分类法，采取了“析

明代御药房金罐

明朝皇帝患病时煎服药，有严格的制度规定，以御医诊治后，计药开方，用金罐煎煮

族区类，振纲分目”的科学分类。这不仅解决了药物的方式、检索等问题，更重要的是体现了李时珍对植物分类学方面的新见解，以及可贵的生物进化发展思想，可以说这是李时珍最大的贡献之一。他把药物分矿物药、植物药、动物药，又将矿物药分为金部、玉部、石部、卤部四部。植物药一类，根据植物的性能、形态及其生长的环境，区别为草部、谷部、菜部、果部、木部等 5 部；草部又分为山草、芳草、醒草、毒草、水草、蔓草、石草等小类。动物一类，按低级向高级进化的顺序排列为虫部、鳞部、介部、禽部、兽部、人部等 6 部。还有服器部。《本草纲目》共分为 16 部 62 类。这种分类法，已经过渡到按自然演化的系统来进行了。从无机到有机，从简单到复杂，从低级到高级，这种分类法在当时是十分先进的。尤其对植物的科学分类，要比瑞典的分类学家林奈早 200 年。

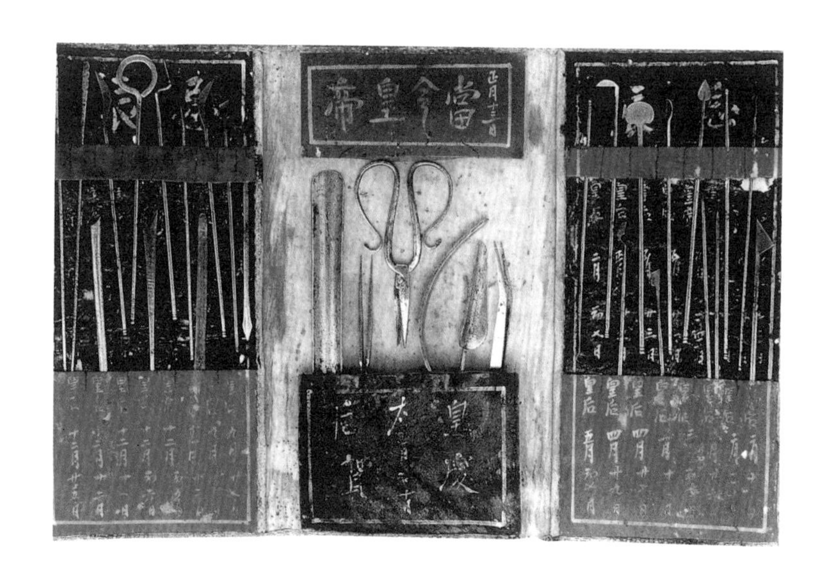

清代中医外科器械

再次，《本草纲目》虽然是一部药物学专著，但它同时还记载了与临床关系十分密切的许多内容。如明确指出专门治疗伤寒热病、咳嗽、喘逆类的药物有哪些，能治疗瘟疫的药物有哪些，治疗各种疾病的药物剂型、丸散膏、丹俱全，且许多方剂既具有科学性，又有简便检验之特点，极具实用性。

唐代《新修本草》书影

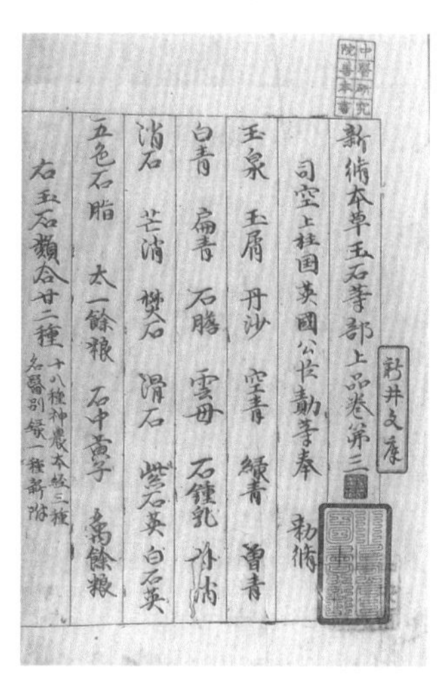
新脩本草玉石等部上品卷第三
司空上柱国英國公臣勣等奉 勅撰
玉泉 玉屑 丹沙 空青 綠青 曾青
白青 扁青 石膽 雲母 石鍾乳 朴消
消石 芒消 礬石 滑石 紫石英 白石英
五色石脂 太一餘粮 石中黄子 禹餘粮
右玉石類合廿二種 十八種神農本經 三種名醫别録 一種新附

《本草纲目》不仅在药物学方面有巨大成就，在化学、地质、天文等方面，都有突出贡献。它在化学史上，较早地记载了纯金属、金属、金属氯化物、硫化物等一系列的化学反应。同时又记载了蒸馏、结晶、升华、沉淀、干燥等现代化学中应用的一些操作方法。李时珍还指出，月球和地球一样，都是具有山河的天体，“窃谓月乃阴魂，其中婆娑者，山河之影尔”。

不言而喻，《本草纲目》对中国医药学的发展意义非凡。其实它对世界医药学、植物学、动物学、矿物学、化学的发展也产生了深远的影响。该书出版后，很快就传到日本，以后又流传到欧美各国，先后被译成日、法、德、英、拉丁、俄等十余种文字在国外出版，传遍五大洲。

农业百科全书——徐光启的《农政全书》

《农政全书》是中国历史上最重要、影响最大的农学著作之一。该书由明末杰出的科学家徐光启编著于天启五年至崇祯元年（1625—1628）间。全书共60卷，约50多万字，基本上囊括了古代农业生产和人民生活的各个方面，因而被誉为是农业百科全书。

徐光启（1562—1633），字子先，号玄扈，上海人，万历三十二年（1604）进士，崇祯时以礼部尚书兼东阁大学士进入内阁。作为官员的徐光启并无多少光环，但作为科学家的徐光启则声名远播，因为他的科学成就是多方面的。在数学方面有译著《几何原本》6卷，这使他成为介绍西方近代科学的先驱；在历算、测量方面有著作《测量异同》《勾股义》等；他还亲自练兵，负责制造火器，并著有《徐氏庖言》《兵事或问》等军事方面的著作。但徐光启一生用力最勤、造诣最高、影响最深远的还要数农学方面的研究。这恐怕与他的生长环境及儒家思想中忧国忧民的使命感有直接关系。

徐光启出生的松江府是个农业发达地区。早年他曾从事

介绍西方近代科学的先驱：徐光启

过农业生产，取得功名后，农本思想日渐成熟。眼见明朝统治江河日下，屡次陈说根本之计在于农，为此特自号“玄扈先生”，以明“重农之志”。玄扈原指一种与农时季节有关的候鸟，古时曾将管理农业生产的官称为“九扈”。万历和天启年间，徐曾利用为父居丧和工作之便，用先后长达 6 年的时间在家乡和天津垦殖，进行不同规模的农业实验，总结出许多农作物种植、引种、耕作的经验，写下了《甘薯疏》《种棉花法》《北耕录》《宜垦令》和《农遗杂疏》等著作。这个过程为他日后编撰大型农书奠定了坚实的基础。

天启二年（1622）徐光启告病返乡。此时他不顾年事已高，继续试种农作物，同时开始搜集整理资料，撰写农书，直至崇祯元年（1628），徐光启官复原职，农书写作也初具规模。但由于上任后忙于负责修订历书，农书的最后定稿工作无暇顾及，直到死于任上。以后这部农书便由他的学生陈子龙等人负责修订，于崇祯十二年（1639），亦即徐光启死后的 6 年，刻板付印，并定名为《农政全书》。

百科全书式的《农政全书》，其特色和主要成就：一是书中贯穿着一个基本思想，即徐光启的治国治民的“农政”思想，并将农政措施首次大篇幅放在农书中加以论述，这是本书不同于前代大型农书的重要特色之所在。二是总结保存了中国古代的许多农业生产经验和技术，并加以充实和发展。这部书引用的著作、文献达200多种，集中了古代农书的精华，其中有许多已经散失的文献，赖此书得以部分保存。三

宋代楼璹绘《耕织图》（局部），农人耕作的场景

前所未有的综合性农书——《农政全书》

此书内收农本、田制、农事、水利、农器、树艺、种植、牧养、制造，内容浩博，插图与《天工开物》同类，全从实用出发，是研究明代农事宝贵的形象资料

是反对保守，破除迷信，强调科学种田。曾经有人认为，“凡种植必用本地种”，否则便水土不服，难以存活。对这种保守观点，徐光启进行了批评。他指出，只要根据适当的地理、气候条件，经过精耕细作，可以引进良种，变低产为高产。当时甘薯刚引进国内，徐光启总结了甘薯 13 项优点，详细介绍了栽种、培育、加工和储藏方法，加以推广。四是重视水利问题，成为总结此前中国最高水利科技成就的集大成者。

技术的百科全书——《天工开物》

在中国古代浩如烟海的文化典籍中，有一部素负盛名的科学技术著作——《天工开物》。这部著作颇为详尽地记录了明朝中叶以前中国古代的农业和手工业生产技术状况，并有 120 多幅精美翔实的插图。它是了解中国古代科学技术成就的重要文献资料，其作者是明朝著名科学家宋应星。

宋应星，生活在明万历到清顺治初年，曾在江西、福建、安徽等省担任过地方官吏。明朝灭亡后弃官回乡，终身再未出仕。宋应星博学多才，著作甚多，可惜大多失传。《天工开物》是崇祯十年（1637）宋应星出任江西分宜县学政期间刊印的。全书分为上、中、下 3 篇，共 18 卷。上册主要记载了谷物豆麻的栽培和加工方法，蚕丝棉苎的纺织和染色技术，以及制盐、制糖工艺等。中册包括砖瓦、陶瓷的制作，车船的建造，金属的锻铸，石灰、煤炭、硫黄、白矾的开采和烧制，以及榨油、制烛、造纸等。下册记述了五金开采及冶炼，兵器、火药的制造，朱墨、颜料、酒曲的生产，以及珠玉的采琢等。对原料的品种、产地、用量、工具构造和生产加工的操作过程等，也都记载得较为详细。

《天工开物》记录的这些丰富内容中，有不少是当时在

世界最早的科学技术百科全书——《天工开物》

《天工开物》在记述每种工艺技术时都附以大量插图，这些插图不仅绘制准确，而且不失精美

中国和世界科学技术史上均居于前列的工艺措施和科学创见。在水稻栽培技术上，它指出，水稻育秧后，30 天就可拔起分栽；1 亩秧田培育的秧苗，可以移栽 25 亩；早熟的水稻品种 70 天就能收获，晚熟的要 200 多天才能收获。这些技术数据对水稻生产有着重要的指导作用，这是以往农书所未曾记载过的。书中记述的早稻在干旱条件下变异为旱稻问题，这种物种发展变异观念的提出，在世界上也是首次。这是宋应星对世界生物学物种变异理论的最大贡献。

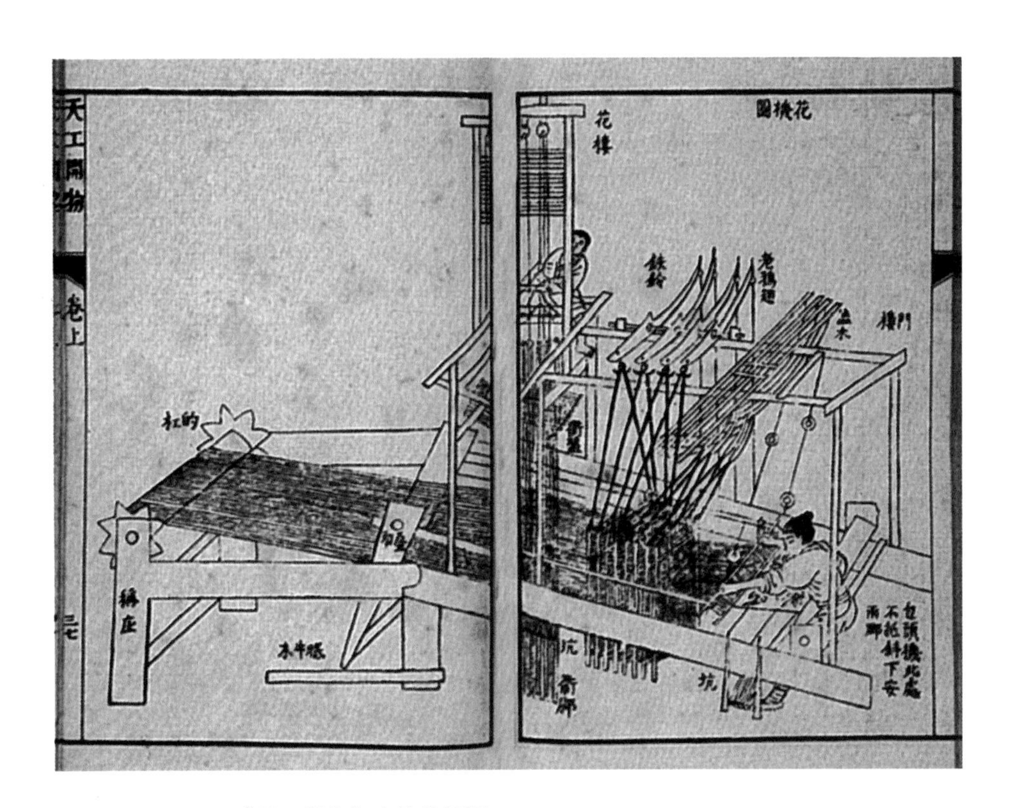

《天工开物》中的花机图

束综提花机经过两晋南北朝至隋、唐、宋几代的改进提高，已逐渐完整和定型。在宋代楼琦的《耕织图》上就绘有一部大型提花机。到了明代，提花机已极其完善，这在明代宋应星所著的《天工开物》中可得到印证

书中还首次记述了再生秧技术，以及冷浆田中用兽骨灰蘸秧根技术。这兽骨灰蘸秧根技术，是中国施用磷肥的最早记载。

在养蚕技术上，它最早记述了利用一化性雄蚕蛾（一年孵化一次）与二化性雌蚕蛾（一年孵化两次）杂交来培育良种的方法，并指出了养蚕过程中要注意的问题。其中所说的烧残桑叶烟来抵挡臭气的“熏烟换气法”，也是以往的书籍

从未记载过的。

在金属冶炼方面，它首次记述了今天俗称为“焖钢”的箱式渗碳制钢工艺，最早记述了火法炼锌的操作方法。

在造纸方面，它则详细地介绍了当时制造竹纸和皮纸的设备和方法。其中所记的用石灰浆处理竹穰，用柴灰处理纸浆和在纸浆中加纸药水汁的3项关键性工艺，直到今天仍有重要的参考价值。

此外，《天工开物》还有一些值得注意的特点：一是重视实践，以实带虚。全书以描写生产过程、介绍技术要点为主，绝少空发议论。间有议论时，也是言简意赅，精辟之至。二是重视各种事物间的数量关系，及其所引起的质量变化。作者在书中经常使用一些生产数据来说明问题。经今人研究，很多数据是有科学根据的。这既便于时人具体操作，也给后人判断当时生产力发展状况以有益的启发。三是图文并茂，书中附有121幅插图。这些插图能形象地帮助后人了解到当时的生产技术。其中有些珍贵的插图，如提花机、钻井设备、轧蔗机、大型浇铸锤锻千斤铁锚、阶梯式瓷窑、玉石加工磨床等，还是世界上较早的科技图录。

综上所述，《天工开物》内容丰富，科学价值极高。因此它面世后很快就引起了国内外学术界的广泛关注。大约17世纪末年，它就传到了日本。19世纪30年代，《天工开物·乃服》中的蚕桑部分和《授时通考》中的《蚕桑篇》，被译成了法文，轰动了整个欧洲，当年就译成了意大利文和德文，第二年又转译成了英文和俄文。

中国古代的丝织技术及丝绸

中国曾经创造出在古代世界属于最高水平的许多纺织技术，而丝织生产技术则最具特色和代表性。中国曾被世界各国誉为“丝国”，就是最好的说明。中国织造丝绸具有悠久的历史，有据可查的，至少有5000多年。1958年在浙江湖州钱山漾新石器时代遗址（约4700年前）中，发现有一小块绢片和一段丝带，可以作为佐证。丝织技术是中国和世界珍贵的科学文化遗产中重要的一部分。

人类历史上的纺织工艺流程和设备的发展都是因为纺织原料而设计的，因此，原料在纺织技术中具有重要的地位。古代世界各国用于纺织的纤维均为天然纤维，一般是毛、麻、棉三种短纤维。如地中海地区以前用于纺织的纤维仅是羊毛和亚麻；印度半岛地区以前则用棉花。古代中国除了使用这三种纤维外，还大量利用长纤维——蚕丝。蚕丝在所有天然

带丝织品残痕铜片
商代，长19.8厘米，宽14.1厘米，厚0.1厘米，1953年河南安阳大司空村出土，中国历史博物馆藏。目前发现的商代丝织品多黏附于其他物质

清代《胤禛耕织图册》中的《织图》

纤维中是最优良、最长、最纤细的纺织纤维，可以织制各种复杂的花纹提花织物。丝纤维的广泛利用，大大地促进了中国古代纺织工艺和纺织机械的进步，从而使中国成为世界上最早发明丝织技术的国家。

中国的丝织技术是非常细致的，生产工序也十分复杂。最重要的是缫丝、练丝、穿筘、穿综、装造和结花本。

缫丝是制造丝绸的头一道工序，是将蚕茧上的丝抽引下来。关于缫丝的工艺，在战国和两汉的著作中就已经出现，是把蚕茧放在沸水中煮烫，利用水温脱胶，然后用小木棍把已经散开的浮丝从锅中挑起，几根合成一缕。

练丝是对蚕丝的进一步处理和漂白。练丝的工艺和缫丝

《纺车图》，北宋王居正绘

相似，是把已抽的蚕丝放进含楝木灰、蜃灰（蛤壳烧的灰）或乌梅汁的热水中浸泡，然后在日光下曝晒。晒干后再浸再洗。这样，既能起漂白作用，提高丝的白洁度；也可以进一步脱掉丝上残存的丝胶，使蚕丝更加柔软，容易染色。

穿筘和穿综。筘是织机上的竹筘，综是织机上的综桄。穿筘穿综的目的是使织机上的经线在织造过程中能开出符合丝绸结构设计的梭口。筘是用竹片制成的细长方框，中间有间距相等的竹丝，在古代又叫杼、箴、捆。综是用木条制成的长方框，中间有一根横棍，横棍上下各有一条细线，用丝绳连接横棍、细线和木框两边，绕成互相环结的上下两个圈套，在古代又叫泛子、翻子。穿筘是按照设计要求，把经线分组穿过每个筘齿。穿综也是按设计要求，把经线穿在综里。

装造和结花本。装造系统和花本是丝绸提花的装置。凡是提花的织机都有花楼，装造系统垂直地装在花楼之上，是由通丝、衢盘、衢丝、综眼、衢脚组成。花本是提花丝绸显花的直接来源，所以叫它“花本”。有花样花本和花楼花本两种。花样花本的编结方法是：在一块经纬数量相同的方布

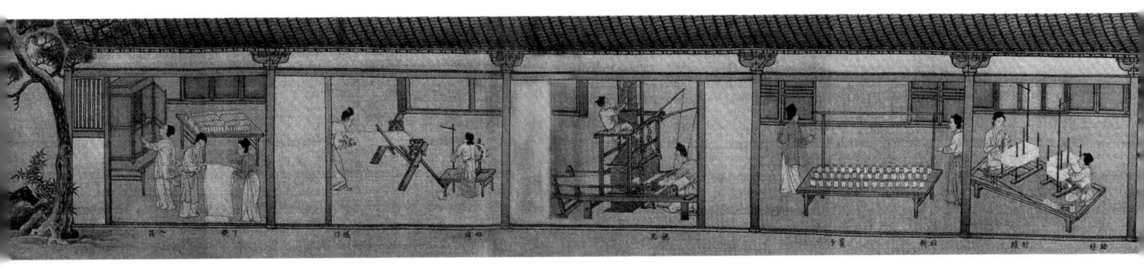

《蚕织图》（局部），南宋，无款，黑龙江博物馆藏

为使织物更加绚丽多彩，古人采用挑花杆在其上挑织图案。挑花的方法有两种，一是挑一纬织一纬；二是挑一个循环织一个循环，这种方法应用得较普遍些，但它仍不能提高工作效率。于是，聪明的古人想出了两个方法，一是将挑花杆“软化”，即用综线来代替挑花杆，于是出现了多综式提花机；二是保持挑花杆挑好的规律不变，而寻求一种关系把其中的规律反复地传递给经丝，这样就出现了花本式提花机。提花机是中国人的伟大发明，约在11—12世纪传到欧洲

上画出准备织造的纹样，也可以先画在纸上，再过在布上。用另备的经线，同方布的经线一根接一根重叠地连在一起；再用另备的纬线，按已画的花纹所占位置和尺寸，置换方布原有的纬线，把原有的经线抽出，用新接的经线代替原来的经线，使花纹重新显现。花楼花本的编结方法是：把花样花本的经线和花楼上垂下的同量通丝接在一起，提起花本纬线，带动通丝，另用比较粗的其他纬线横穿入通丝之内，就可以把花样过到花楼之上。装造系统和花楼花本是互相配合的，在花楼花本完成以后，牵动花楼花本的经浮线，也就是在花楼花本上显花的通丝，带动全部装造系统，就可以提花了。

中国古代总称丝绸织物为帛或缯，品种确实可以说是

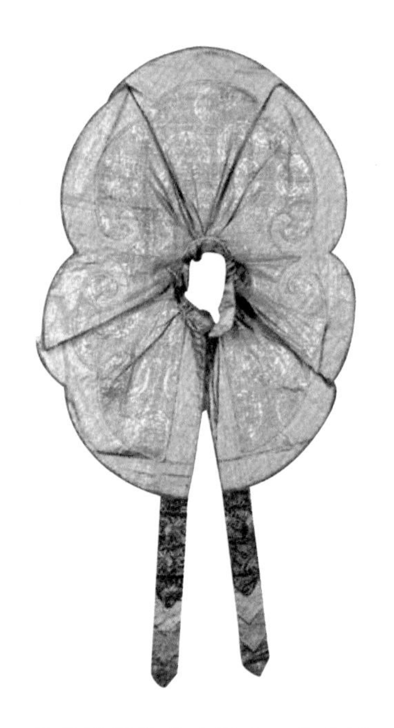

元代纳石失佛衣披肩，故宫博物院藏

提花规矩，金线匀细，花纹光泽悦目，是元代纳石失的珍品

丰富多彩。最有代表性的是锦、纱、罗、绫、缎、绸。

中国古代所说的锦，有时是泛指具有多种彩色和花纹的丝织物；但是更多的是指用联合组织或复杂组织织造的重经或重纬的多彩丝织物。这种重经或重纬的织物织起来难度比较大，是古代最贵重的织品。所以古代又有这样的说法："锦金也，作之用功重，其价如金。"

中国古代的纱，一种是同现在的冷布相似的平纹稀经密的织物，唐代以前叫方孔纱；一种是和罗同属于纱罗组织的、把经线分为地经和绞经互绞但是密度比较小的织物，有两经相绞的，有三经相绞的。南北朝时期以前都是素织，从唐代起间有花织，使用提花设备提花。

中国古代的罗和现代的罗不同，多半用四根经线为一组织造的。两根绞经，两根地经，一比一排列，隔一梭起绞一次，两两互绞；四根纬线是一个循环，每行都有纱孔。如果要提花，不用提花装置，另外加挂不定量的综桄。现代的罗大概是在明代开始出现的。古代的罗比较疏朗，现在的罗比较结实，各有优点。

绫是属于斜纹组织的织物，但是又和一般的斜纹不同，多半呈现山形斜纹或正反斜纹。据古籍《释名》说："绫，凌也。其文望之如冰凌之理也。”冰的纹理呈∧形，具备摇曳的光泽，绫的特点正是这样。

缎属于缎纹组织。缎纹组织是在斜纹的基础上发展起来的，但是没有明显的斜路。它的织造特点是织物的各个单独浮点比较远，并且被它两旁的经纬纱的长浮点遮蔽；不仅使整个幅面具有平滑光泽和强烈的立体感的特色，而且可以防止出现底色混浊的现象，最适宜于织造多种复杂颜色的纹样。中国的这类织物大概是在宋代出现的。最初叫纻丝，后来才改称作缎。

绸是中国丝织物中出现最早的一个品种，属于平纹组织，由两根经纱和两根纬纱组成一个循环，各用一根交错织成。原来写作“紬”，后来才改写成“绸”。最初大概都是素织（平纹上起简单花纹），专用短断的废丝纺的纺丝做原料。宋代以后往往也有用精丝在平纹地上起本色花的，叫暗花绸，并且把所有细薄的单色丝织物都叫作绸，而把用纺丝织的专叫纺绸。

《簪花仕女图》，绢本设色，唐代画家周昉作，现藏辽宁省博物馆

此图描写贵族妇女春夏之交赏花游园的情景。从画中人物的衣着可知当时纺织业、印染业的发达程度

辉煌灿烂的故宫建筑

在北京，有一座辉煌壮丽的古建筑群。自 1420 年明朝第三代永乐皇帝朱棣迁都于此，先后有 24 位皇帝（明朝 14 位，清朝 10 位）在这座宫城里统治中国将近 500 年之久。皇帝办公、居住之所，自然规模宏大，气势磅礴，金碧辉煌。时至今日这里不仅在中国，在世界上也是规模最大、保存最为完整的古代皇家宫殿建筑群。由于这里是帝王之家，中国古代建筑艺术中最优秀和最独特的部分都在这里得到集中的体现，所以它成为中国建筑史上的经典之作，1987 年已被联合国教科文组织评定为世界文化遗产。

故宫全景

占地面积 72 万平方米，南北长 961 米，东西宽 753 米。周围环有 10 米多高的城墙和 52 米宽的护城河。建筑面积为 15 万平方米，全部殿堂屋宇达 9900 多间

天安门，明代称承天门，15 世纪初建成时，只是一座黄瓦飞檐的木牌坊，牌坊正中高悬“承天之门”匾额。承天之门寓有“承天启运”和“受命于天”之意。后遭雷击起火被毁，成化元年（1465）重建时奠定了今日天安门的形制。清顺治年间更名承天门为“天安门”

故宫，是 1925 年以后的称谓，原来叫紫禁城，为什么称皇家宫殿为紫禁城呢？紫禁城的“紫”是指紫微星垣。中国古代天文学家将天上的星宿分为三垣、二十八宿和其他星座。三垣之中，紫微垣是中垣，又称紫微宫、紫宫，古人认为那是天之中心、天帝居住之所在。皇帝以天帝之子自居，天子所在之处自然是天下之中心。天上中心、天帝之所称“紫宫”，天下中心、天子之所自然也称“紫”。紫禁城的“禁”意指皇宫禁地，万民莫近。

这座宫殿的营建始于永乐四年（1406），完成于永乐十八年（1420）。其后历明清两朝，宫中建筑物屡有重建、增建，但宫殿的总体规模与布局在永乐时代已经奠定，以后的变化只是局部性的。明初营建这座宫殿是在元朝大内旧宫的基址上进行的。元朝覆灭时，大内旧宫未遭破坏，后来被改成朱棣的燕王府，永乐十四年（1416）明成祖朱棣决定迁都北京，就将旧宫全部拆除，再按照南京宫殿的模式重建新宫。这就是今天我们所见到的北京宫殿。

建筑这么大规模的宫殿只用了10多年时间，显然和中国传统木构架建筑技术的优点和大一统国家是分不开的。故宫所用的建筑材料来自全国各地。比如，汉白玉石料来自北京房山，五色虎皮石来自河北蓟县的盘山，花岗石采自河北曲阳县。宫殿内墁地的方砖，烧制于江南苏州，砌墙用砖烧制于山东临清。宫殿墙壁上所用的红色原料来自山东宣化（今高青县）的烟筒山。木料则主要来自湖广、江西、山西等省。由此也可以看出当时工程之浩大。

故宫的建筑特点

一是红墙黄瓦，雕梁画栋。皇家建筑通常是黄色的琉璃瓦、红色的砖墙。皇家建筑为什么喜欢用黄色和红色呢？这与中国人对颜色的看法有关。黄色在中国自古以来被认为是尊贵的颜色，因其在“五行”学说里代表中央方位（中央属土，土为黄色）。唐代，黄色被规定为代表皇室的色彩，其他人不能采用。到了宋代，皇宫开始采用黄色琉璃瓦，以后便按此规定沿袭下来。红色在中国被视为一种美

天安门前的华表

华表用汉白玉雕刻而成，以巨大高耸的圆柱为主体，通身塑有缠柱云龙，柱上横贯一块美丽的云板，似行云插入蓝天。顶端承露盘上的蹲兽，栩栩如生

满喜庆的色彩，意味着庄严、高贵。远在公元前11世纪周代，宫殿建筑就普遍采用红色，并流传后代。因为封建帝王的宫殿是最高统治者的活动场所，必须处处显示“至高无上”“尊贵富有”，因此，绝大多数古代宫殿都是红墙黄瓦。

二是中轴布局，左右对称。《吕氏春秋·慎势》提出，“古之王者，择天下之中而立国，择国之中而立宫，择宫之中而立庙”。反映在故宫建筑上，就是中轴对称。一条中轴贯通着整个故宫，这条中轴又在北京城的中轴线上。三大殿、后三宫、御花园都位于这条中轴线上。在中轴宫殿两旁，还对称分布着许多殿宇。

三是高台基、大屋檐、多圆柱。太和殿和中和殿、保和殿前后排列在一个8米高的工字形基台上，太和殿在前，中和殿居中，保和殿在后。这就是外朝的三大殿。

三大殿中的太和殿建在三层重叠的“工”字形须弥座上，离地8余米，下层台阶21级，中、上层各9级。每层周围都是用汉白玉雕刻的各种构件垒砌，造型优美。下层基台最大，

知识窗

华表原来是“民主”的象征

天安门前后有两对华表，门内的一对名曰“望君出”，是提醒皇帝不要久居深宫，应该出宫体察民情；门外的一对叫“望君归”，是呼唤皇帝莫要沉迷山水，应该赶快回宫处理朝政。“望君出”和“望君归”的象征意义与最初“诽谤木”的功能非常接近。

相传尧舜时，常在交通要道竖立木牌，让人在上面写谏言，名曰“谤木”。史书记载：“尧舜之时，谏鼓谤木立之于朝。”到了汉代，“谤木”演变为通衢大道的路标，因这种路标远看像花，“花”通“华”，所以，又称为“华表”，汉代还在邮亭的地方竖立华表，让送信的人不致迷失方向。后来，华表逐渐发展成为桥头和墓地等设置的小型装饰建筑品。

故宫中轴线

通过龙墀走道上达中层，再通过中层龙墀到达上层台面。三台当中有三层石雕“御路”，每层台上边缘都装饰有汉白玉雕刻的栏板、望柱和龙头。在 25000 平方米的台面上有 1414 块透雕栏板，1460 个雕刻云龙翔凤的望柱，1138 个龙头。用这么多的汉白玉装饰的三台，造型玲珑秀丽，重叠起伏，像是白玉砌的山峦。这是中国建筑上具有独特风格的装饰艺术。而这种装饰在结构功能上，又是 25000 平方米台面的排水管道。在栏板地袱石下，刻有小洞口；在望柱下伸出的龙头唇间，也刻出小洞口。每到雨季，三台雨水逐层由各小洞口下泄，水由龙头流出。这是科学而又艺术的设计。

台基上的每个龙头嘴里都有个小洞，这是古代的排水设施

黄琉璃瓦、汉白玉台基与栏杆、红墙、青绿色调的彩画，这是北京宫殿色彩的基调，在蓝色天幕笼罩下，格外绚丽璀璨，显示了皇宫的豪华高贵、与众不同的氛围。

四是屋顶多样，等级分明。故宫建筑在建筑形态上的另一显著特征就是特有的大屋顶。房屋的面积越大，屋顶就越高大。大屋顶无论是屋面、屋脊还是屋檐没有一处不是曲线的。硕大的屋顶经过曲线、曲面的处理，显得轻巧，极富神韵和表现力。

故宫主体建筑的屋顶不仅硕大，造型优美，形式多样，而且屋顶的式样和屋檐的重数还是重要的等级标志。

最高形制是庑殿顶，这是由一条正脊、四条斜脊和四面斜坡组成的四坡顶，屋面稍有弧度，屋角和屋檐均向上翘起。常用于最尊贵的建筑物。重檐庑殿顶是规格最高的屋顶式样，如北京故宫太和殿屋顶。

其次是二等重檐歇山顶。它由一条正脊、四条斜脊和四条戗脊以及四个斜面和两个三角形的直面组成，又称九脊顶。用于规格稍低的建筑物，如故宫的保和殿、天安门城楼。

再次，单檐歇山顶，如东西六宫等。

歇山顶之后是悬山顶，悬山顶由一条正脊、四条垂脊和两个坡面组成，因屋顶的两端悬于山墙之外而得名。多用于

外朝三大殿的台基之高、屋檐之大、圆柱之多，位居故宫之首

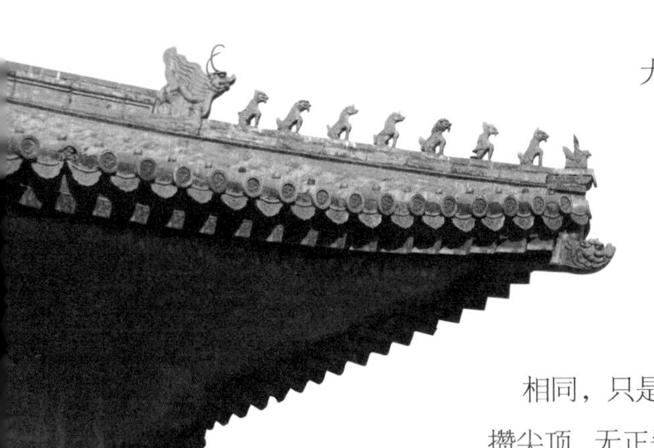
檐角的神兽

大型古建筑群中次要的配殿或配房，以及一般的民居和寺庙。如太和殿的陪衬建筑，位于太和殿广场东西两侧、左右对称的体仁阁和弘义阁，太庙的神厨、神库等。

还有硬山顶，组成和用处与悬山顶相同，只是屋顶的两端与山墙平齐。

攒尖顶，无正脊，为锥形屋顶，平面形态可为圆形、方形和多边形，是坛、亭、塔、楼常用的形式，如天坛的祈年殿。

五是屋脊兽数量不等，级别不一。一般认为屋脊兽只是一种装饰，实际上中国古建筑中很少有为装饰而装饰的，多为装饰性和实用性相结合。屋脊兽也有着十分重要的作用。故宫的屋顶是琉璃瓦铺成的，在瓦与瓦相接的屋檐处，常有两个问题：一是瓦片下滑，二是下雨时易漏水。所以屋檐和屋脊上都要打上瓦钉防止打滑和渗水，但屋脊上露出光秃秃的钉头，有伤雅观，古代工匠便在这些钉头上安上这些屋脊兽。所以，这些传说中的神兽，其实是守护琉璃瓦的瓦钉。

这些传说中的神兽位于檐角（垂脊和岔脊的末端），依次为：仙人骑凤、龙、凤、狮、天马、海马、狻猊（龙的第八子）、押鱼、獬豸、斗牛、行什（长翅膀的猴子，传说是神话中的雷震子）。故宫建筑中，常见这些屋脊兽，兽的大小多少视建筑的等级而定。古人爱用单数，除去仙人骑凤，一般都是3个、5个、7个；故宫太和殿用的是最大数9个，后来清朝为显示新王朝的气派又加上了1个行什，成为我们今天看到的10个，这在中国古建筑中仅此一处。

除了蹲在屋脊上的小兽，在屋脊的正脊与垂脊相交处还有两个龙形大“吻”，因它有张牙舞爪欲将正脊吞下之势，又称吞脊兽，是龙生九子的第二子，名号“螭吻”，能激浪成雨，把它放在屋脊上可以当作灭火消灾的“镇物”。其实际作用只不过是一对大瓦钉。

故宫的建筑格局

故宫的总体格局分为外朝和内廷两大部分。外朝供处理朝政、举行典礼、召见大臣、接待宾客等用；内廷是皇室居住、生活的场所。

外朝以太和、中和、保和三大殿为中心，文华、武英殿为两翼。文华、武英两殿都是皇帝的别殿（便殿），是皇帝召见臣下和斋居之所。文华殿又是读书、授课的地方，殿内供有孔子像。武英殿又作为皇后生辰时大臣们的“命妇”在此进贺的场所。

内廷区域以皇帝、皇后居住的乾清、坤宁宫为中心，妃嫔居住的东西六宫，皇子居住的乾东、西五所，皇太后居住的慈宁宫、寿康宫、寿安宫，太上皇居住的宁寿宫，形成多座院落的组合。另有花园、戏台、藏书楼等文化娱乐、宗教活动等设施。内廷建筑布局严谨、封闭，建筑形式多样，装饰华丽，体现了皇家建筑的豪华而规整的风格。

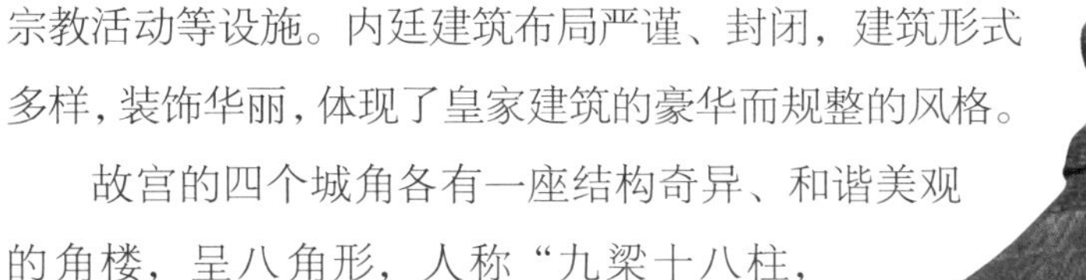

故宫的四个城角各有一座结构奇异、和谐美观的角楼，呈八角形，人称“九梁十八柱，七十二条脊”。宫城周围环绕着长3400米的宫墙，墙外又环绕着护城河，俗称筒子河。城四周各设一门，南面的正门是午门，北门叫神武门，东门叫东华门，西门叫西华门。

攒尖顶

故宫的重要建筑

紫禁城的正门——午门。午门位于紫禁城南北轴线。此门居中向阳，位当子午，故名午门。其前有端门、天安门、大清门，其后有太和门。

午门的平面呈“凹”字形，分上下两部分，下为高 12 米的墩台，正中开三门，两侧各有一座掖门，俗称“明三暗五”。五个门洞各有用途：中门为皇帝专用，此外只有皇帝大婚时，皇后乘坐的喜轿可以从中门进宫，通过殿试选拔的状元、榜眼、探花，在宣布殿试结果后可从中门出宫。东侧门供文武官员出入。西侧门供宗室王公出入。

午门整座建筑高低错落，左右呼应，形若朱雀展翅，故又有“五凤楼”之称。

午门是颁发皇帝诏书的地方。每年腊月初一，要在午门举行颁布次年历书的“颁朔”典礼。遇有重大战争，大军凯旋，要在午门举行向皇帝敬献战俘的“献俘礼”。

颁发皇帝诏书的门：午门

故宫外朝为什么没有树？

故宫占地面积 72 万平方米，外朝占三分之二，40 多万平方米的宫殿里居然没有一棵树，这确实是件令人费解的事情。关于这一问题，说法很多，其中下面一种说法比较可信，即外朝不植树是为了烘托外朝庄严、崇高的气氛。从天安门到乾清门，40 多万平方米的庭院里不植一木（现在端门前后的树是 1912 年以后种植的）。去朝见天子的人们，从进入天安门的那一刻起，就处在压抑之中，经过漫长御道，在层层起伏变化的建筑空间中行进，会感到这种无形的压力不断增强，进入太和门，只见数万平方米广场上高耸着巍峨的大殿，这种精神压力达到顶点。试想，如果上朝的大臣，行走在高大的树丛间，乘着绿荫，听着小鸟的鸣叫，悠然地走到参天古木掩映下的太和殿，那恐怕就没有了逐渐增强的紧张、威严氛围。

明代和清代康熙以前“御门听政”之处：太和门
太和门左右各设一门，东为昭德门，西为贞度门，门前有面积约 26000 平方米的广场，内金水河自西向东蜿蜒流过。河上横架 5 座石桥，习称内金水桥。5 座石桥象征孔子所提倡的五德：仁、义、礼、智、信。整条河外观像支弓，中轴线就是箭，这表明皇帝受命于天，代天帝治理国家

相关链接

石狮子头上的卷毛疙瘩是主人身份与爵位的象征

狮子是百兽之王，把它们置放在宫殿、府第、衙门前，具有威震四方、群兽慑服之意。石狮头上所刻之疙瘩，以其数之多寡，象征主人地位的高低。越多代表地位越高，反之越低。故宫三大殿门前石狮子头上的卷毛有13层，最多，亲王府邸的只有12层。

太和门

太和门是紫禁城内最大的宫门，也是外朝宫殿的正门。太和门建成于明永乐十八年。太和门在明代是“御门听政”之处，皇帝在此接受臣下的朝拜和上奏，颁发诏令，处理政事。清康熙帝以前的皇帝均在此听政、赐宴。后来“御门听政”改在乾清门。

明清故宫有巍巍三大宫殿，然而，皇帝听政在“门”。

太和门，堪称古代规格最高的门。它的门内，是俗称“金銮殿”的太和殿。

明代铸造的太和门门前西侧的铜狮子，是故宫6对铜狮中最大的一对

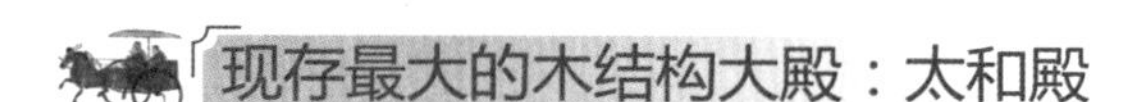

现存最大的木结构大殿：太和殿

太和殿，俗称“金銮殿”，位于紫禁城南北主轴线的显要位置，明永乐十八年建成，称奉天殿。清顺治二年（1645）改称太和殿。自建成后屡遭焚毁，又多

中国现存最大的木结构大殿：太和殿

次重建，最后一次重建是清代康熙三十四年（1695），至今已有300年左右。

太和殿作为中国宫殿建筑的代表，是中国现存古建筑中规模最大，建筑形制、装饰与陈设等级最高的殿宇。太和殿是中国现存最大的木结构大殿。其形制从上到下，从里到外，均采用最高等级的做法。

面阔9间，进深5间，建筑面积2377平方米，高26.92米，连同台基通高35.05米，符合“以高为贵”的说法。屋顶是重檐庑殿顶，其檐角脊饰除按照清琉璃瓦的规定，檐角走兽9件，还破格增加了“行什”的脊饰。“行什”在《清式营造则例》中称之为猴。“行什”位于屋顶上，身有双翼，很似传说中的雷公或雷震子，取消灾免祸、用于防雷的含义。因排行第十，故称“行什”。真人领先，行什殿后，属于“走九”的最高一级，是古建筑屋顶的孤例。

太和殿用72根大木柱支承梁架构成四大坡的屋面。这种构架习惯上称抬梁式。先在柱础上立木柱，在柱上架大梁，又在梁上立小矮柱（瓜柱），然后再架上一层比较短的梁。自大梁而上可以通过小柱重叠几层梁，逐层加高，而每层的梁却逐层缩短。在最上层立脊瓜柱，在两组构架之间，横搭檩枋。在檩上铺木椽，椽上铺木板（望板），板上苫瓦。由于梁架逐层加高，而小梁逐层缩短，就构成具有坡度的屋面。太和殿的四大坡顶就是这样构成的。

明清两朝 24 个皇帝都在太和殿举行盛大典礼，如皇帝登基即位、皇帝大婚、册立皇后、命将出征，此外每年万寿节、元旦、冬至三大节，皇帝在此接受文武官员的朝贺，并向王公大臣赐宴。清初，还曾在太和殿举行新进士的殿试，乾隆五十四年（1789）始，改在保和殿举行，殿试以后由皇帝宣

太和殿内景

殿内金砖铺地，正中间设宝座，宝座两侧排列 6 根直径 1 米的沥粉贴金云龙图案的巨柱，所贴金箔采用深浅两种颜色，使图案突出鲜明。宝座前两侧有四对陈设：宝象、甪端、仙鹤和香亭。宝象象征国家的安定和政权的巩固；甪端是传说中的吉祥动物；仙鹤象征长寿；香亭寓意江山稳固

为什么称皇帝办公的地方为金銮殿？

北京故宫太和殿俗称“金銮殿”，“金銮殿”的称谓源于唐代。当时，唐代皇宫中有一处宫殿，建在一山坡前，这一山坡叫金銮坡，皇帝常在金銮坡前的这座宫殿里召见大臣和翰林院的官员。翰林院的官员常把这座宫殿称作“金銮殿”。因这一称谓气势恢宏，“皇”色浓重，皇帝听了也很高兴，因而世代相传，流行了下来，金銮殿成了皇帝办公处所的专有名词。

布登第进士名次的典礼“传胪”，仍在太和殿举行。

由南北纵深计算，木柱是 6 根为一组；东西横阔计算，是 12 根为一组。殿内支承梁架的柱子名金柱，高 14.4 米，柱径 1.6 米，都是整块巨材。以每 4 柱的空间作为一间计算，太和殿是由 55 间组成的大殿堂。殿里的“天花”“藻井”，殿外檐下的“斗拱”，都加彩绘，富丽堂皇。

“斗拱”是中国建筑中的一种特殊构件，斗为方形木块，拱为弓形短木。斗在下面，拱安放在斗的上面槽里，总称斗拱。像太和殿这样出檐深远的大殿堂，各组斗拱重叠挑出多层。檐下斗拱，在建筑上具有两重作用：主要在结构上

太和殿藻井

藻井为殿堂建筑物顶部天花装饰之一种。太和殿藻井之大和华丽为宫中藻井之最高等级。井内金龙盘卧，口衔轩辕镜，其位置正在宝座上方，以示皇帝为轩辕氏皇帝的正统继承者

故宫的消防器材：“门海”

起到支撑作用，支托屋檐重量通过斗拱过渡到立柱上；另外，由于在檐下重叠挑出，并加彩绘，远望如重峦叠翠，具有装饰作用。

太和殿的石台上摆有铜香炉，是皇帝举行典礼时焚烧檀香用的。这里一共有 18 座，代表清朝本部 18 省。

太和殿外左右安放 4 个铜缸，象征“金瓯无缺”，作为贮水防火之用。

古人把陈设在殿堂皇屋宇前的大缸，称为“门海”，即“门前大海”之意，门前有大海，就不怕闹火灾了。因此，大缸又称为“吉祥缸”。它既是陈设品，又是消防器材。在科学不发达的古代，

太和殿石台上的铜香炉

太和殿丹陛上的嘉量和日晷

宫中没有自来水，更没有消防器材。因此，缸内必须长年储满水以备不虞。冬季里缸下生火，以防水冻成冰。清代时，故宫内共有 308 口大缸，按其质量分类三种，即鎏金铜缸、烧古铜缸和铁缸，其中最珍贵的是鎏金铜缸。

嘉量，铜制鎏金，方形，放在白石亭之中。这是乾隆九年（1744）仿照唐代嘉制的象征性量器，含有统一度量衡的意义，象征着国家统一和强盛。

嘉量对面还有一个石头做成的器具叫作日晷，是古代的测时仪。

角楼

中国古代宫廷建筑讲究“四隅之制”。“四隅之制”是《周礼·考工记》中高等级建筑的一种做法，后为帝王之家使用。古代称四隅为“地维”或“四维”，即“东南巽，东北艮，西南坤，西北乾”，其理论依据是“天圆

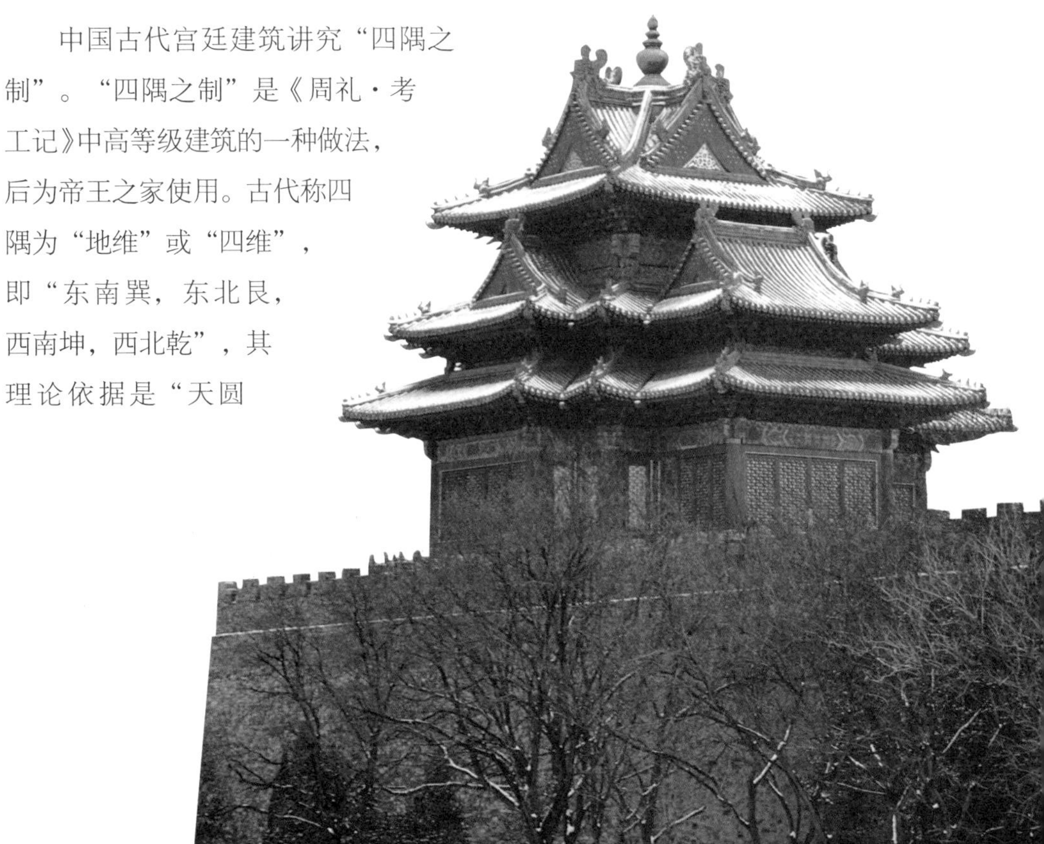

紫禁城的角楼

地方，天有九柱支持，地有四维系缀”。

紫禁城城墙的四角，矗立着4座精巧别致、华丽奇特的角楼。角楼为6个歇山顶组合而成的奇特整体，3层屋檐设计有28个翼角，72条脊，造型优美，玲珑俏丽。金光闪闪的宝顶，三层飞檐上的金黄色琉璃瓦，朱红色的明柱和窗扉，蓝绿色的彩画，相互辉映，交织在一起，增加绮丽神奇之感。令人称奇的是，角楼的结构复杂迷离，它有成千上万个构件，卯榫相连，严丝合缝，确实是巧夺天工的杰作。

内廷正殿乾清宫

乾清宫是内廷正殿，面阔9间，进深5间，高20米，重檐庑殿顶。殿的正中有宝座，两头有暖阁。明代14个皇帝和

内廷正殿乾清宫

清代的顺治、康熙两个皇帝，都以乾清宫为寝宫。他们在这里居住，平时也在此处理日常政务。

乾清宫正殿高悬着由清代顺治皇帝御笔亲书的“正大光明”匾，匾的背后藏有决定太子命运的“建储匣”。

故宫中的建筑，象征着“天”的崇高和伟大的太和殿，位于故宫中心，是最高大突出的地方。象征着天和地的乾清、坤宁两宫紧密相连接。它们两侧的日精、月华两门，象征着日和月。而象征着十二星辰的东西六宫以外的数组建筑，则表示天上的群星。这是非常具有象征意义的建筑群。

故宫冬季如何取暖？

庞大的故宫很难见到烟囱，其大小宫殿冬季的取暖问题，光靠大小熏炉烧炭是难以解决问题的。故宫建设者们采取了科学的设计办法，即将宫殿的墙壁砌成空心的“夹墙”，俗称“火墙”。墙下挖有火道，添火的炭口设于殿外的廊檐底下。炭口里烧上木炭火，热就可顺着夹墙，暖意遍布整个大殿。而且这种火道还直通人们睡觉时的炕床下面，形成“暖炕”与“暖阁”，从而既干净卫生又经济实用地解决了宫中生活、工作中的冬季取暖问题。

宗教建筑

古代宗教建筑包括道教、佛教等建筑，但现存最多的是佛教建筑，从技术含量和民族特色的体现上来说，成就最高的也是佛教建筑。佛教虽来自印度，但在宗教建筑上吸纳了中国传统的宫殿建筑形式；道教虽然是土生土长的宗教，但在宗教理论、宗教建筑上都模仿佛教。因此，佛教建筑是中国古代建筑中最为宝贵的文化遗产。

泰顺三峰寺全景

三峰寺位于浙江省泰顺县境内。五代后晋天福元年（936）始建，明嘉靖六年（1527）重建

山一样壮美的宫阙：布达拉宫

印度佛教建筑主要有两种形式，一是精舍式，一是支提式。精舍式，设有殿堂、佛塔；支提式，即石窟。两种形式都以塔为中心。

“精舍式”佛寺传入中国后，很快采用了中国传统的宫殿建筑形式，供奉佛像的殿堂成为寺院中心，塔被移到殿后，或另建塔院，这与印度以塔为中心的佛教建筑已经大不相同。

在中国，能用琉璃瓦做屋顶的除了皇宫、皇陵，就是佛寺了。

从建筑格局上看，佛教建筑一般采用中国的院落式布局，以一条南北向纵轴线为主，自南向北，依次为山门、天王殿、大雄宝殿、法堂和藏经楼。建筑方式以木结构为主，而砖石塔也大多模仿木结构建筑的形象。这说明两点：一是佛寺的中国化、宫殿化；二是佛寺建筑风格的世俗化。事实上，除了佛寺里的佛像、宗教陈设、壁画和装饰的宗教题材以外，佛寺建筑本身与宫殿、衙署、住宅等十分相似，以至于它们常常可以互换。

可以互换的佛教建筑多为汉传佛教建筑，藏传佛教建筑独具特色，尤以西藏的布达拉宫最具民族特色。

7 世纪初，松赞干布统一西藏，定都拉萨，建立起强大的吐蕃政权。641 年，松赞干布与唐王朝联姻，为迎娶文成公主，在拉萨城西北玛布日山上修建了宫殿。因为松赞干布把佛教中的观世音菩萨作为自己的本尊佛，所以就用佛经中菩萨的住地“布达拉”来给宫殿命名，称作“布达拉宫”。7 世纪所建的布达拉宫高 9 层，共有 999 间宫室，加山上修行室共 1000 间。后来，由于天灾人祸，松赞干布时期修建的布达拉宫没有完全保留下来，先是遭受雷击引起火灾，继而在吐蕃王朝末期毁于兵乱。

直到 1641 年，五世达赖喇嘛洛桑嘉措建立起噶丹颇章王朝后，才开始重建布达拉宫。用 3 年时间建成了白宫，五世达赖入住宫中。从这时起，历代达赖喇嘛都居住在这里，重大的宗教仪式都在这里举行，布达拉宫由此成为西藏佛教中心。五世达赖去世后，为安放灵塔，建了红宫。在红宫修建时，除了本地工匠，清政府和尼泊尔政府也都派出匠师参与，每

山一样壮美的布达拉宫

布达拉宫坐落在西藏省会拉萨市区西北的玛布日山（红山）上，但山是什么样已经看不见了，看到的只是这座宫堡式佛教建筑群

松赞干布时期建造的布达拉宫图，布达拉宫壁画

天的施工者多达7700余人。整个布达拉宫到1693年基本完工，历时48年。

重建后的布达拉宫，起基于玛布日山南侧山腰，依山的自然地形由南麓梯次垒砌，直到山顶。其主体建筑由大小经堂、灵塔殿、佛殿、经学院、僧舍等组成；东西长360米，南北宽约140米，总建筑面积13万多平方米，加上山前城郭以内和山后龙王潭（藏语称“鲁康”，是拉萨著名的园林建筑）范围，占地面积达41万平方米。

总体建筑北面依山，其余三面围以高大的城墙，城墙高6米，底宽4.4米，最宽处达10米，顶宽2.8米，顶部外侧砌女儿墙。墙身厚度自下而上逐次递减，十分显著，墙身主要用高原盛产的优质花岗岩砌筑。主体外墙为双层石墙，墙基深入山体岩石层，每隔一段距离，墙体夹层内灌注了铁汁，从而增强了建筑的整体性和抗震能力。南城墙正中为三层石

金碧辉煌的白宫门厅

白宫入口处为四柱八梁结构的走廊。该四柱的小雀替上有木刻虎、鹏、狮、龙；柱子上有八大药师佛的木雕像

砌城门楼，门内有石砌影壁，行人可绕影壁两侧进出。城郭东南、西南拐角有角楼，东、西城墙中段有侧门楼。

布达拉宫依托的玛布日山海拔为3763米，主楼外观13层，宫内实际上9层，最高层达117.19米。建筑充分利用地形和空间，群楼叠矗，殿宇嵯峨，同山体顺势相融，分层合筑，层层套接，大有横空出世，气贯苍穹之势。坚实敦厚的花岗石墙体，平展的白玛草墙领，金碧辉煌的金顶，具有强烈装饰效果的巨大鎏金宝瓶、幢和经幡，红、白、黄三种主色，交相辉映。在高原明媚的阳光下，布达拉宫透出一种历尽风雨沧桑后的从容与深邃，将藏族古建筑迷人的特色挥洒得淋漓尽致。布达拉宫是佛教建筑的杰出代表，也是中华民族古建筑的精华之作。

整个宫殿建筑为土石木结构，是由多层矩形平面毗连而成。其建筑结构除充分保持和发扬了邸宅与碉堡相结合的藏

五世达赖喇嘛灵塔

五世达赖喇嘛灵塔和塔殿，位于红宫第四层，塔殿有五层楼高。高 14.85 米的巨大金塔，是整个布达拉宫中最高大的灵塔，在大殿里上下贯通，塔瓶内保存有经脱水处理并包敷名贵香料的五世达赖喇嘛遗体。灵塔分塔座、塔瓶、塔刹三部分，从上到下全部用黄金包镶，辉煌之至，叹为观止

式建筑风格外，由于汉族、满族工匠的参与，所以在装饰上采用了诸如雕梁画栋、斗拱飞檐、藻井金顶等汉族的特色工艺，也吸收了邻国印度、尼泊尔的建筑艺术精华。

布达拉宫的建筑格局主次分明，主体建筑主要分两大部分：一是白宫，为达赖喇嘛生活起居和政治活动的地方；二是红宫，为历代达赖的灵塔殿和各类佛殿。红宫居中，白宫横贯两翼，红白相间，群楼重叠。无论是它的外观、还是建筑结构与使用功能都充分体现出汉式宫殿与藏式寺庙的双重特性。

白宫高 7 层，最高的一层（第 7 层）是达赖喇嘛的冬宫，这里采光面积很大，从早到晚，阳光灿烂，俗称“日光殿”。殿内陈设豪华，金盆玉碗，珠光宝气，显示出主人高贵的地位。这一层共有东、西两套寝宫，名为东、西日光殿。西日光殿

布达拉宫金顶群

是原殿，由卧室、小经堂等组成，该殿是达赖举行“早朝”的地方。东日光殿是后来仿造的，两者布局相仿。宫殿外，有一个宽大的阳台，从这里可以俯视整个拉萨城。

第六层和第五层是生活和办公用房。位于第四层中央的“措钦夏”（东大殿）面积717平方米，殿长27.8米，宽25.8米，由44根大柱支撑，是布达拉宫最大的殿堂，内设达赖宝座，上悬同治帝书写的“振锡绥疆”匾额。布达拉宫的重大活动如达赖坐床典礼、亲政典礼等都在此举行。

红宫位于布达拉宫的中央位置，外墙为红色。宫殿采用了曼陀罗布局，围绕着历代达赖的灵塔殿建造了许多经堂、佛殿，从而与白宫连为一体。

红宫最主要的建筑是历代达赖喇嘛的灵塔殿，共有5座，分别是五世、七世、八世、九世和十三世。各殿形制相同，但规模不等。其中以第五世达赖洛桑嘉措的灵塔殿（藏林静吉）最为考究。殿中除第五世达赖灵塔外，还有第十世达赖、第十二世达赖的灵塔和两座尊胜塔。第五世达赖灵塔居中，是建造最早、规模最大、装饰最豪华的一座，建于1690年，高14.85米，为方座圆身，分塔座、塔瓶、塔刹三部分。达赖的遗体用香料、红花等保存在塔瓶内。塔瓶、塔座用金皮包裹，共耗黄金11万余两，并镶嵌1500余颗金刚钻石、红（绿）宝石、翡翠、珍珠、玛瑙等珍宝。殿内有粗壮高大的方木柱，柱下以大斗承托双层小斗，梁头斗拱精雕细刻，沥粉描花；顶棚悬挂帏幔和华盖；塔前陈设金灯金碗、明清珐琅瓷器、各式法器祭器等。

红宫的屋顶平台上布满各灵塔殿的金顶，全部是单檐歇山式，以木制斗拱承托外檐，上覆鎏金铜瓦。顶端立一大二小的三座宝塔，金光灿灿，煞是耀眼。屋顶外围的女墙用一

种深紫红色的灌木垒砌而成，外缀各种金饰，墙顶立有巨大的鎏金宝幢和红色经幡，体现出强烈的藏式风格。

红宫中央采用上下七层贯通的竖向大窗格，与其余部分和白宫的较小窗户以及细狭的通气窗形成强烈的对比。坚实厚重的石墙与金顶相结合，使建筑型体高低错落，造型雄伟庄重，形成明暗、虚实和色彩上的对比，突出了中心主体建筑，达到了高度和谐统一。

红宫中最大的殿堂：五世达赖灵塔殿的二楼殿门

殿内有康熙皇帝1696年为祝贺红宫落成而御赐的一对用金线编织的巨大的锦绣帐幔，两幅帐幔上分别绣有宗喀巴和五世达赖喇嘛像。织造这对锦幔，耗银16000余两。这对锦幔精美无比，是稀世之宝

不可思议的建筑：悬空寺

悬空寺建于北魏太和十五年（491），跟云冈石窟基本是一个时期的建筑，距今已有1500多年的历史。它位于高高的翠屏峰半山腰上，上载危崖，下临深谷，楼阁空悬，回环幽深。“谷底仰视，若断崖飞虹；隔峡遥望，似壁间雕嵌。”完全依靠力学原理在垂直90度的崖壁间搭建，不能不说是一大奇观。唐代大诗人李白在这里写下“壮观”二字题刻，并留下《夜宿山寺》一诗：“危楼高百尺，手可摘星辰，不敢高声语，恐惊天上人。”传为千古佳句。

悬空寺距地面高约50米，它发展了中国

不可思议的伟大建筑：悬空寺位于山西浑源县，距大同市65千米，是佛、道、儒三教合一的独特寺庙

挂在悬崖壁上的宗教王国

几根木杆支撑起的寺庙

悬空寺在中国不止一座，但山崖如此之险、寺离地面如此之高、一寺集儒、道、释于一体、历史超过 1500 年者，仅此一座

的建筑传统和建筑风格，其建筑特色可以概括为“奇、悬、巧”3个字。

值得称“奇”的是，建寺设计与选址，悬空寺处于深山峡谷的一个小盆地内，全寺悬挂于石崖中间，石崖顶峰突出部分好像一把巨伞，为古寺遮蔽雨水。山下的洪水泛滥时，因悬空寺距离地面 50 米，再大的洪水也淹不了悬空寺。四周的大山也减少了阳光的照射时间。优越的地理位置是悬空寺得以千年不毁的原因之一。

悬空寺的另一特色是“悬”。全寺共有殿阁 40 间，全部悬在空中。表面看上去支撑它们悬空的是十几根不很粗的木柱，所以有人用“悬空寺，半天高，三根马尾空中吊”来形容悬空寺。其实楼的重心不完全在几根立柱上，除了立柱外，插在岩石里的横木的作用也不小，整座佛寺利用力学原理半插飞梁为基。

考古学家们发现，悬空寺的楼阁和栈道下都埋有横梁，这些直径 50 厘米左右的木材，好像是从岩石中长出来的。这些横梁露在外面的部分大约有 1 米，木板铺在上面就成了寺庙的走廊，也包括整个楼阁的底座。悬空寺共有这样的横梁 27 根，这些横梁就是挑起整座楼阁的关键。

20 世纪 90 年代，文物保护部门试图更换部分悬空寺的横梁，却发现没有办法将横梁从石孔中拔出。费尽周折之后，专家们发现，插入石孔的横梁都被做过处理，与山接触的一端被打上了楔子，当往石孔内插入横木时，楔子会撑开横梁，牢牢卡在石壁上。它的作用类似今天的膨胀螺栓，打得越深就越牢固。而且，据专家考证，悬空寺所用的木材是经过桐油泡过的，有效地防止了虫蚁的腐蚀；用的木头是当地产的铁杉木，这种木头适合于建筑、造船等，因此，悬空寺才能千年不坏。

悬空寺的“巧”体现在建寺时因地制宜，充分利用峭壁的自然状态布置和建造寺庙各部分建筑，将一般寺庙平面建筑的布局、形制等建造在立体的空间中，山门、钟鼓楼、大殿、配殿等样样俱全，设计非常精巧。悬空寺上现存最早的 3 尊石佛是北魏时期雕刻的，因此悬空寺至少已经有 1500 年的历史。当地县志上曾经有多次地震的记载，6 级以上的地震就有好多次，20 世纪就有一次，县城三分之一的房屋倒塌，而悬空寺却安然无恙。悬空寺是一个典型的古代木结构建筑，不但悬空的楼阁靠木材支撑在悬崖上，楼阁本身的框架结构也是由木质的梁柱组成，形成一个榫卯结构。这种结构的建筑在受到巨大外力作用时，部件彼此错动，当外力消失时又能恢复原状，所以不会遭到彻底破坏。

千姿百态的古塔

塔，源于古印度，其兴建年代说法不一。一说佛陀在世时，一位孤独长者开始建塔，用来供养佛陀的头发、指甲，以表达对佛陀的崇敬；一说佛陀涅寂后才开始建造，用以安置佛骨舍利的建筑物，梵文音译“浮屠”，汉文意译为“聚”“高显”“方坟”“圆冢”“灵庙”等，另有“舍利塔”“七宝塔”等异称。中国古塔是古代杰出的高层建筑，它在工程技术上达到了很高的成就。最高的塔有13层，高达85米，相当于20多层楼房的高度。古塔产生的背景一般说与佛教有着密切的关系，是一种佛教信仰的产物，佛塔大约占中国古塔的80%以上，一小部分受风水学说影响而建。

佛塔，主要包括单层塔、多层宝塔、喇嘛塔、金刚宝座塔。古塔从大到小，从砖到石，从圆形到方形，从方形到八角形，从六角到圆形，经历了漫长的演变和发展过程。时至今日，尚有近万座雄伟多姿的宝塔矗立在辽阔的土地上。

唐代八角形平面的亭式佛塔：河南登封会善寺净藏禅师墓塔

此塔建于唐天宝五年（746），是最早的也是唐塔中极少见的八角形平面的亭式塔。亭式塔取法于亭，都是单层，多作高僧墓塔

唐代的亭阁式塔

这种形式的塔是印度窣堵波与中国传统建筑中的亭阁相结合的产物。常指塔檐仅一层的单层塔，大多建于隋唐时期，唐代尤多。现存单层塔通常都是僧尼的墓塔。塔的平面以正方形居多，六角、八角和圆形也有。材料有石造的，也有砖砌的。

建筑史上的奇迹：千岁应县木塔

这种形式的塔为数众多、历史最久、形式也更为壮观。其从木塔起源，逐渐向砖石方面发展，千姿百态。从平面形式分，有正方、六角、八角以及十二角等多种形体。依建筑材料而言，可分为木塔、砖塔、石塔、琉璃塔和金属塔等。

中国最早兴起的楼阁式塔是木塔，起源于东汉末年，盛行于南北朝，现存最古最大的是山西应县佛宫寺的释迦塔，亦称应县木塔。

山西应县木塔，距今 900 多年。应县原是辽国首都平城（今山西大同市）近畿地方的应州。塔是当时崇信佛教的统治者辽兴宗耶律宗真下令修建的。

木塔是佛宫寺（原名宝宫寺）的主要建筑物。位于寺南北中轴线上的山门与大殿之间，属于“前塔后殿”的布局。塔的平面是八角形，底层副阶（外廊）前檐柱对边约 25 米。塔身外观是五层六檐（最下层是重檐），二、三、四层都有平座夹层，所以全塔实际上是九层。

900 多岁的木塔

经历了 900 多年的风吹雨打和无数次雷击、地震等自然灾害，它依然屹立

塔高，从地面到塔尖达67.31米。有人计算，整个木塔共用红松木料3000立方米，约2600多吨重，整体比例适当，建筑宏伟，艺术精巧，外形稳重庄严，是世界上现存最高大的古代木构建筑。

这座木塔改变了隋唐以前的方形平面，作八角形，使应力分布比较均匀；同时改变了中心柱的做法，采用连接内外槽柱构成筒型框架的结构方式，这既争取了中部空间，便于布置佛像等，也提高了抗弯能力，使塔身更加牢固。这是古代木结构发展中的一个巨大的进步。

全塔建筑在一砖石基座上，基座分两层，下层方形，上层八角形。在八角形台基座上，布置内槽柱、外檐柱以及副阶前檐柱。所有的柱子用梁枋连接成一个筒型的框架。塔身底层的内槽和外檐角柱都用双柱，并砌在一米厚的土坯墙里。墙的下部是砖砌裙墙，裙墙和土坯墙体交接处垫木枋一层以防潮。转角增设一柱，可增加构架的稳定性。柱间用厚墙填充，可以防止构架的扭曲，提高了坚固性，保证了结构的稳定。

底层以上设平座夹层，再上是二层，二层上又设平座夹层，

山西应县佛宫寺释迦塔内部结构

每层檐下都装有风铃

这样重叠直到五层。各层均用内、外两圈木柱支撑，每层外有 24 根柱子，内有 8 根，木柱之间使用了许多斜撑、梁、枋和短柱，组成不同方向的复梁式木架。各层柱子都衔接而上，每层外檐柱都和它下面的平座层柱同一轴线，而比下层的外檐柱向塔心退入约半柱径。平座层外柱立在下层斗栱所挑承的梁上。这样既造成塔身美丽的曲线，又不超过结构的合理限度。从整体上讲，下大上小，也正是结构的稳定性所要求的。至于内槽柱，只是根据力学的要求，把上下各层柱都放在同一轴线上，并使 8 根轴线都略向塔心倾斜。这座塔是把结构、构造和建筑造型融合起来的一个典范。

平座夹层的结构，就是用斜撑和梁、柱组成的一道平行桁架式的圈梁。在这个圈梁的内环上，又叠置由四层枋子组成的一道井干式的圈梁。整个夹层，实际是一个牢固的刚性的箍，在五层塔身中，间隔均布了这样四道刚性箍。在外观上，夹层巧妙地处理成为各层平座腰檐。

塔里扶梯的布置，也是既考虑垂直交通的实用要求，又兼顾结构的合理而设计的。因为楼层比较高，为使扶梯坡度不致太陡，每层都分作两折而上，利用平座夹层做休息板。

全塔的细部构造处理，诸如构件比例、榫卯搭接等等所表现的优秀手法，也是值得称道的。仅以斗拱来说，由于作了因地制宜的变化处理，全塔采用了54种式样，极其丰富多彩。建造者们没有机械搬用前人的成规，而是按照各种不同的结构、构造要求和节省材料等因素，灵活设计，使这些斗拱不但担负了结构任务，而且也起了装饰美化建筑的作用。

在塔的五个正式楼层上，内槽柱里的中央空间供奉佛像，内槽和外檐柱之间是供人通行的空间，因此不设斜撑。塔壁的四个正方向每面三开间，中间辟门。壁外平座设栏杆形成周圈挑台，以供人凭眺。

塔顶作八角攒尖式，上立铁刹，制作精美，与塔协调，更使木塔宏伟壮观。塔每层檐下装有风铃，微风吹动，叮咚作响，十分悦耳。

塔身底层南北各开一门，二层以上周设平座栏杆，每层装有木质楼梯，游人逐级攀登，可达顶端。二至五层每层有四门，均设木隔扇，光线充足，出门凭栏远眺，恒岳如屏，桑干似带，尽收眼底。

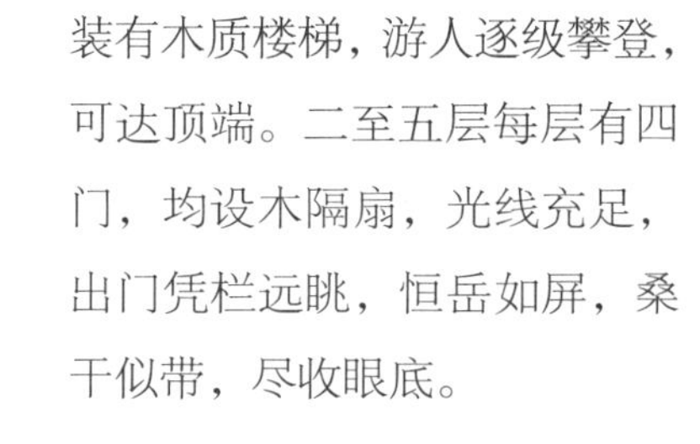

塔内一层释迦牟尼金像

山西应县佛宫寺释迦塔二层供奉的佛像

塔内各明层均塑佛像。一层为释迦牟尼，高 11 米，面目端庄，神态怡然，顶部精美华丽的藻井，给人以天高莫测的感觉。内槽墙壁上画有 6 幅如来佛像，门洞两侧壁上也绘有金刚、天王、弟子等，壁画色泽鲜艳，人物栩栩如生。

二层坛座方形，上塑一佛、二菩萨和二胁侍。三层坛座八角形，上塑四方佛，面向四方。四层塑佛和阿难、迦叶、文殊、普贤像。五层塑释迦坐像于中央、八大菩萨分坐八方。利用塔心无暗层的高大空间布置塑像，以增强佛像的庄严，是建筑结构与使用功能设计合理的典范。

应县木塔的设计，继承了汉至唐以来富有民族特点的重楼形式，充分利用传统建筑技巧，广泛采用斗拱结构，全塔共用

嵩岳寺塔

斗拱 54 种，每个斗拱都有一定的组合形式，有的将梁、枋、柱结成一个整体，每层都形成了一个八边形中空结构层。设计科学严密，构造完美，巧夺天工，是一座既有民族风格，又符合宗教要求的建筑。

最早的密檐楼阁式塔：嵩岳寺塔

此类塔一般是实心建筑，不能登临，造型比较简单划一。其特点是下部一般均建有须弥座，底层塔身较高，以上各层较低，不设门窗，有也只是通风小孔。以砖石结构为多，隋唐时多为正方形平面，辽金时八角形平面逐渐替代正方形平面，明清则很少建密檐塔。

嵩岳寺塔是楼阁式塔中最早的一个代表作，建筑在河南登封嵩山南麓。嵩岳寺起初是 6 世纪初年北魏一位皇帝的离宫，后舍宅建寺。塔就建立在寺院的中心。隋代开皇年间（581—600）

定名嵩岳寺。

塔的平面呈十二角形，内部建有八角形塔室，塔室宽 9 米多，砖砌的塔壁厚 5 米。东西南北四面开门，门口宽 2.5 米。塔里构造采用“厚壁空心式”木板楼层结构。塔内共有 10 个八角形塔室，上下用木扶梯连接。外部做密檐 15 层，塔高 41 米。砖塔第一层塔身比其他层高许多，上部加一道腰檐。腰檐以上塔身，各角砌出八角形倚柱，采用方墩柱础，束莲柱头。壁面除四个券门外，每面砌有“阿育王塔”的形象作为塔身的装饰。砖塔第二层以上，塔身逐层缩短，每面开一个小窗，第十五层以上置塔刹，相轮七重以收顶部。全塔外表涂白灰，外形轮廓具有刚柔结合的线条，给人一种轻快秀丽的感觉。

嵩岳寺塔的结构、造型和装饰，是古代砖塔建筑的一种开创性的尝试。1600 多年以前在没有钢筋水泥的情况下，仅用砖结构建成 40 多米的高塔，而且经受了时间风雨的剥蚀，依然雄伟屹立，这说明当时在高层建筑技术方面已经达到了相当高的水平。

嵩岳寺塔塔身

大理崇圣寺三塔

大理崇圣寺三塔

建于9世纪，砖结构密檐塔，檐数16层，高58米，是密檐塔中檐数最多者，也是比例最为细高者。全塔中部微凸，上部收束缓和，整体如梭，檐端连成极为柔和的弧线。千寻塔在三塔中最高最大，位于南北两座小塔前方中间，所以又称中塔。塔的全名为“法界通灵明道乘塔”。

塔身每层正面中央开券龛，两边龛为窗洞，两级窗洞的方向交替错开，解决了塔内的采光通风问题。塔檐越往上间距越小，自第三四层起逐层向内收束，最后集束于塔顶。因此塔身的外形轮廓不是僵硬地直线向上，而是微凸，形制与西安小雁塔相同。

三塔建筑规模宏伟，设计水平高超。虽经1000多年风雨，塔基直立如初。据史书记载：塔上有11000多尊铜佛，用铜40500斤。明朝正德十年(1515)五月六日大地震和1925年大地震时，大理城内房屋十有九塌，三塔却安然无恙。

北京北海白塔

北京北海白塔，建于清初顺治年间，砖石木结构。由塔基、塔身和宝顶三部分组成。塔基的砖石为须弥座。座上有三层圆台，中部为圆形塔肚，上部为相轮，顶部为鎏金宝顶。塔身南面称“眼光门”，又称“时轮金刚门”。塔身有306个通风口，塔内有一根通天柱，高达9丈，柱顶上有一金盒，盒内存两粒“舍利”

喇嘛塔

喇嘛塔是喇嘛教的一种独特的建筑形式，与印度“窣堵波”很相近。喇嘛塔主要特点是：台基与塔刹造型讲究，基座上安置一个圆形塔肚，其上竖立一根长长的塔顶，塔顶上刻就许多圆轮，再安置华盖和仰月宝珠。喇嘛塔起源于元朝，于明清进一步发展，清更突出。明清时期喇嘛塔除用以埋葬活佛外，大部分塔内都藏有佛像，供朝拜之用。

金刚宝座塔

该类塔为佛塔中的一个分支。塔的形式一般在高大的台基座上建筑 5 座密檐方形石塔和一个圆顶小佛殿。虽然这种建筑在敦煌石窟的隋代壁画中已经出现，然而最早的实物始

江苏镇江昭关石塔

昭关石塔属喇嘛塔形式，为佛教遗物。有“昭关”刻字，故名。又因外观如瓶，一称瓶塔。建于明末清初。塔的下半部用块石垒砌，成 4 根石柱，顶部用条石铺成框架形台座，台座下可以通行人马。塔高 4.69 米，塔座、塔身、塔顶皆用青石雕刻建成。塔座用两个相同的须弥座叠成，须弥座上为覆莲圆座和扁鼓形塔身，再上有 13 圈带形浮雕，象征 13 层天，上置法轮和圆形仰莲小座，轮上刻有“八宝”，其上便是塔顶。石塔传为三国孙权与刘备联姻时所建的“石瓶”

见于明代。中国式的金刚宝座塔比印度提高了塔基座，缩小了基座上的小塔，增加了传统的琉璃亭，尤其在塔座和塔身的装饰雕刻中，掺入大量喇嘛教的题材和风格。

金刚宝座塔位于北京碧云寺全寺最高点，建于乾隆十三年(1748)。塔高34.7米，分塔基、宝座、塔身三层。塔基呈方形，砖石结构，外以虎皮石包砌，台基两侧有石雕护栏。塔身全部为汉白玉石砌成，四边还雕刻有藏传喇嘛教的传统佛像。宝座上有7座石塔。这是一种独特的建筑形式。整个金刚宝座塔布满了大小佛像、天王、龙凤狮象和云纹等精致浮雕，皆根据西藏地区传统雕像而刻造。

北京碧云寺金刚宝座塔

园林建筑

中国园林建筑艺术历史悠久，文化内涵丰富，个性特征鲜明，在世界造园艺术中，独树一帜，为世界三大园林体系之最。

中国园林建筑风格的形成

据有关典籍记载，中国造园应始于商周，那个时候不称园称“囿”。周文王建灵囿，“方七十里，刍荛者往焉，雉兔者往焉”。看来，最初的“囿”，就是把自然景色优美的地方圈起来，放养禽兽，供帝王狩猎，所以也叫游囿。天子、诸侯都有囿，“天子百里，诸侯四十”。

秦始皇统一中国后，在咸阳大兴土木，建造了规模宏大的上林苑，在苑里修建了阿房宫。阿房宫已经不存在了，但我们通过古人对阿房宫的文字描绘还是可以了解个大概：“蜀山兀，阿房出。覆压三百余里，隔离天日……二川溶溶，流入宫墙。五步一楼，十步一阁；廊腰缦回，檐牙高啄；各抱地势，钩心斗角……”可见阿房宫确为非常宏大的园林式宫殿建筑群。

魏晋南北朝时期是中国园林发展的转折点。佛教的传入及老庄哲学的流行，使园林转向了崇尚自然，还有一个变化是大批文人参与造园活动。隋唐之后，造园家与文人、画家紧密结合，将诗与画融入了园林的布局和造景中，甚至直接以绘画作品为底稿，寓画意于景，寄山水为情，使园林建筑不再仅仅是工匠的杰作，更是文人的杰作，让园林的人文风景突现了出来。中国造园艺术从自然山水园阶段进入到写意山水园阶段。

明清是中国园林创作的高峰期，尤以康熙、乾隆时期最为活跃，建造了许多大规模写意自然园林，如“圆明园”“避暑山庄”“畅春园”等等。

世界三大园林体系

世界三大园林体系包括中国式、西亚式和古希腊式。

西亚造园活动始于古波斯（今伊朗），影响到整个阿拉伯世界。西亚与北非气候干旱，水和绿荫特别珍贵。因此阿拉伯人习惯用篱或墙围成方直平面的庭园，园内布置成“田”字形，将轴线建为十字林荫路，交叉处设中心水池。后来演变为各种明渠暗沟与喷泉，并相互联通。这种水法的运用，后来又深刻地影响了欧洲各国的园林。

古希腊园林学仿于波斯，但出现了整形修剪的树木、花坛。文艺复兴时期，欧洲园林将以往的蔬菜园及城堡里的小块绿地变成了大规模的别墅庄园。园内一切尽量凸显人工痕迹，布局方整端正，将园林与天然环境明显分开，充分显示人类征服自然的成就。

而中国山水园林表现的是自然美，布局形式以自由、变化、曲折为特点，追求“虽由人作，宛自天开”的效果，充分反映“天人合一”的民族文化特色，以表现人与自然的和谐统一为最高目标。

私家园林以明代建造的江南园林为主要成就，如“沧浪亭”“休园”“拙政园”“寄畅园”等等。同时在明末还产生了园林艺术创作的理论书籍《园冶》。总结了唐宋以降“天人合一”“小中见大”“壶中天地”等创作手法。

江南私家园林多封闭，以有限面积造无限空间，故“空灵”二字为江南造园之要谛。花木重姿态，山石贵丘壑，以少胜多。“三五步，行遍天下；六七人，雄会万师。”园林地域范围小；

南岳衡山

是人文景观，也是自然景观，人与自然的和谐统一是中国园林的最高追求

景致细腻精美、明媚秀丽、淡雅朴素、曲折幽深。南方园林大多集中于南京、上海、无锡、苏州、杭州、扬州等地，其中尤以苏州为代表，素有“江南园林甲天下，苏州园林甲江南”之美誉。

中国古典园林以自然风景为基础，有意识地加以改造、调整、提炼，从总体到局部包含着浓郁的诗情画意。中国园林在空间组合形式上多使用某些建筑如亭、阁、楼、榭等来配景，使风景与建筑巧妙地融糅到一起。优秀园林虽然处处有建筑，却处处洋溢着大自然的盎然生机，处处寄情山水。明、清时期正是因为园林有这一特点和创造手法的丰富而成为中国古典园林集大成时期。

苏州历史最悠久的古典园林沧浪亭

位于苏州城南，始建于北宋，为文人苏舜钦的私人花园。沧浪亭面积约16.5亩，是苏州古典大型园林之一，具有宋代造园风格，是写意山水园的典范

皇家园林中的典范——颐和园

颐和园位于北京市西山脚下，距京城约 15 千米，是清代的皇家花园和行宫。始建于 1750 年，历时 14 年建成。全园总面积为 290 万平方米，由万寿山、昆明湖等组成，其中湖水面积约是全园总面积的四分之三。园中有景点建筑物百余座、大小院落 20 余处、古建筑 3000 余间、古树名木 1600 余株。全园以 41 米高的佛香阁为中心，以 728 米的长廊为彩练，千姿百态的人文建筑和自然山水巧妙地融为一体，构成一幅美丽动人的皇家园林画卷。

颐和园园林布局的第一大特点是以水取胜。主要建筑和

知 识 窗

中国古典园林之最

中国古典园林数目之多，规模之大，建造技术之奇，风景之美，举世闻名。

私家园林最有名气之地——苏州。私家园林荟萃于江南，而苏州则有“江南园林甲天下，苏州园林甲江南”之称。苏州在历史上有大小园林 400 余处。其中沧浪亭、狮子林、拙政园、留园为四大名园。

最大的皇家园林——承德避暑山庄。承德的避暑山庄总面积比颐和园大 1 倍，比北海公园大 8 倍。园内楼台廊庭、桥亭轩榭、寺观塔碣等各类建筑 120 余组（座）。整个山庄是中国地貌环境的缩影，“山庄咫尺间，直作万里观”。

最古老的皇家园林——北京北海公园。北海公园建成至今已有 800 多年，是中国现存皇家园林中历史最悠久、建筑最精美的一处古园林。

最大的假山——景山。北京景山公园中的景山是一座聚土叠石、五峰相缀的园林土山，中峰高 43 米，四周有路可以登升。5 座山峰，峰峰有亭，站在亭中，可俯视北京全城景色。

最长的彩画廊——颐和园长廊。总长为 728 米。中间每隔 10 米便有一座亭、阁、轩、舫。长廊每根梁枋都绘有彩画，总数近 2 万幅。

风景点都面临湖水，或是俯览湖面。颐和园的昆明湖是其最大水域，根据水域的分割状况，可分为三个部分，即大湖、西湖和后湖。其中西湖又可分为南北两个区域，后湖也可分为后湖和谐趣园湖两部分，但主要水面集中在大湖。

湖山结合，是颐和园的又一特点。位于广阔的昆明湖北岸，有一座高达 58 米的万寿山，像一座翠屏峙立在北面。古代造园艺术家充分利用这一湖一山的自然条件，适当地布置园林建筑和风景点。如抱山环湖的长廊和石栏，伸入湖中的知春亭，临湖映水的什景花窗，建造在湖边山麓的石舫等等，让湖和山既有明显的分界，又巧妙地相连。清澈的湖水像一面巨大的天镜，将万寿山、人工景点映衬得分外秀美靓丽。

佛香阁是整个颐和园的最高点，也是统领全园的中心。佛香阁在山和诸多建筑景物的烘托下，有直飞冲天之势，而在它的脚下，一根细细长长的西堤飘卧湖中，两者体量一大

从万寿山上看昆明湖

一小，姿态一立一卧，结构一复杂一简单，色彩一金碧耀眼一素雅洁淡，很鲜明地对比体现出了万寿山的高大和威严，烘托出了颐和园这座皇家园林的威严和大气。

对比手法是颐和园造园者在园林布局上的重要手法。造园者根据原来的地形地貌，设计出许多阴阳转换、柳暗花明的景色。万寿山的前山建筑雄伟、金碧辉煌，给人以接天触月、大气磅礴之感，而后山建筑掩藏在崖后，河水暗流于林下，小路蜿蜒于花间，幽静雅淡；前山下面的昆明湖水面宽阔，碧波荡漾，泛舟半日不到边，藏于后山的苏州河（后湖），数步可跨岸；东宫门里建筑密集，西堤周围景物寥寥。漫步于颐和园，常常是才觉山穷水尽，忽又柳暗花明，这大概正是设计者的艺术追求。

北京颐和园始建于 1750 年，1860 年在战火中严重损毁，1886 年在原址上重新进行了修缮。其亭台、长廊、殿堂、庙宇、桥梁等人工景观与自然山水相互和谐、艺术地融为一体，堪称中国风景园林设计中的杰作

颐和园借景西山秀色

从画中游望西山，秀塔群峰宛若国画。此处巧借园外西山秀色构成景致，扩大了颐和园的风景范围，在中国造园艺术中称之为“借景”

颐和园的最高建筑佛香阁

佛香阁是一座宏伟的塔式宗教建筑，为全园建筑布局的中心。“佛香”二字来源于佛教中对佛的歌颂。清乾隆时始建。该阁仿杭州的六和塔建造。阁高 41 米，八面三层四重檐，阁内有 8 根铁梨木大柱，直贯顶部，下有 20 米高的石台基。登上佛香阁可以饱览昆明湖及几十里以外的明媚风光

中国古代造园，特别注重和谐，自然景观与人文景观的和谐、静山与流水的和谐、高塔与低廊的和谐、石舫与木桥的和谐、园内景观与园外景观的和谐等等，都是造园时必须考虑的重要因素。由此，造园者积累了许多宝贵的经验，其中“借景”的造园技法即是其中之一。借景，即为有意识地把园外的景物“借”到园内的视景范围中来。园林中的借景有收无限于有限之中的妙用。借景通常有开辟赏景透视线，去除障碍物；提升视景点的高度，突破园林的界限；借虚景等。

颐和园规模宏大，湖光山色相映生辉

借景内容包括：借山水、建筑等景物；借天文、气象景物等。这一技法在颐和园的设计中得到了充分的运用。颐和园设计时不仅考虑到园里建筑和风景点互相配合借用，而且把四周的自然环境、附近的园林以及其他建筑物，也一并考虑在内。如站在昆明湖东岸，北京西山的峰峦、玉泉山的塔影，好像也成了颐和园中的景色。这种不仅园里有景而且园外也有景的“借景”手法，使园的范围更加扩大，景物也更加丰富。

在园林设计上，颐和园设计者继承传统，因地制宜，建造了小巧玲珑的“园中有园”——谐趣园。在颐和园万寿山东麓，原来有一处地势较低、聚水成池的地方。造园工匠利用这一地形，仿照江南名园——寄畅园设计了一处自成格局的“谐趣园”。当人们从万寿山东麓高大雄伟、金碧辉煌的

中国传统造园技法：借景

借景分近借、远借、邻借、互借、仰借、俯借、应时借七类。借景是中国园林艺术的传统手法。一座园林的面积和空间是有限的，为了扩大景物的深度和广度，除了运用多样统一、迂回曲折等造园手法外，用借景的手法，可收无限于有限之中。中国古代早就懂得运用借景的手法。唐代所建的滕王阁，借赣江之景："落霞与孤鹜齐飞，秋水共长天一色。"岳阳楼近借洞庭湖，远借君山，构成气象万千的山水画面。杭州西湖，在"明湖一碧，青山四围，六桥锁烟水"的境域中，"西湖十景"互借，各"景"又自成一体，形成一幅幅生动的画面。

近借，在园内欣赏园外；远借，站在园中高处凝望远处景物；邻借，欣赏相邻园林；互借，两座园林或两个景点之间彼此借望；仰借，仰视园外峰峦、峭壁、高塔；俯借，俯瞰园内外；应时借，借天文、气象景观、植物季相变化景观，如云海、红叶等。

杭州六和塔

位于杭州钱塘江畔月轮山上，始建于北宋。六和塔的名字来源于佛教的"六和敬"。塔高 59.89 米，其建造风格非常独特，塔内部砖石结构分七层，外部木结构为八面十三层。六和塔外形雍容大度，气宇不凡

江南名园无锡寄畅园

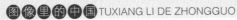

坐落于无锡市西郊惠山东麓，元朝时曾为僧舍，明朝时扩建成园林。全园分东西两部分，东部以水池、水廊为主，池中有方亭；西部以假山树木为主，是中国江南著名的古典园林。寄畅园的成功之处在于其“自然的山，精美的水，凝练的园，古拙的树，巧妙的景”。康熙、乾隆两帝各六次南巡，均必到此园

颐和园中谐趣园

颐和园中的谐趣园原名惠山园，是乾隆皇帝仿造江苏无锡市锡惠公园中的寄畅园建造的，乾隆六下江南，七次游寄畅园，最后一次下江南时曾两次游览寄畅园。谐趣园是颐和园中的园中之园，是中国北方地区最具江南园林特色的公园，小巧玲珑，结构精致，自成格局，夏日，荷花吐艳，清香袭人

杭州西湖的苏堤

苏堤全长 2.8 千米，它是北宋大诗人苏东坡任杭州知州时，疏浚西湖，利用挖出的河泥构筑而成。后人为了纪念苏东坡治理西湖的功绩将它命名为苏堤。长堤卧波，连接了南山北山，给西湖增添了一道妩媚的风景线。堤上共有 6 座桥

仿杭州西湖苏堤而建的颐和园昆明湖上的西堤

西堤是一道人工长堤，乾隆时仿杭州西湖苏堤而建。西堤把昆明湖分成东西两半。长堤上建有风格各异的 6 座石桥。6 桥自北向南依次是：界湖桥、豳风桥、玉带桥、镜桥、练桥、柳桥。在练桥和柳桥之间为仿湖南岳阳楼构建的景明楼，沿堤遍植桃柳，春来柳绿桃红，素有“北国江南”之称

宫殿区走进绿意盎然、小桥流水的谐趣园，犹如从北京故宫来到了江南水乡，建筑气氛、风景面貌、景点安排，一派江南的壶天井地，给人焕然一新的感觉。这种“园中有园”的设计布局增加了园林的变化，丰富了园林的内容。

颐和园的水面占全园面积的四分之三，特别是南部的前湖区，烟波浩渺，这么大的水域如何使其在视觉上不过于单调乏味？设计者继承中国2000多年前的“隔”的传统造园技法，水中布置岛屿，用长堤把湖面“隔”成若干看似独立的区域，还在昆明湖中布置了凤凰墩、治镜阁、藻鉴堂等孤立湖心的岛屿，象征传说中的蓬莱、方丈、瀛洲海上三神山。它的实际作用是打破广阔的昆明湖面的单调气氛，增加了湖中的景色。

颐和园里有许多景点是效法江南园林的一些优点。谐趣园仿无锡寄畅园，西堤仿照的是杭州西湖的苏堤。

江南三大名楼之一的岳阳楼

中国古代园林的理水之法

造园先理水，有水才有园。理水，被称为中国古代园林的命脉。

理水的基本原则是：水源要活，水流要曲，水道要宽窄相间，水位要恰到好处。

理水之法一般有三：

一为“掩”。以建筑和绿化，将曲折的池岸加以掩映。临水建筑，不论亭、廊、阁、榭，皆前部架空挑出水上，造成水好像是从建筑中流出的印象，以此打破岸边的视觉局限；或临水布蒲苇岸、杂木迷离，造成池水无边的视觉效果。

二为“隔”。水面大时，或筑堤横断于水面，或架桥梁于水中，或涉水点以步石，或筑岛于水心等，以增加景深和空间层次，减少水面的空旷和单调。

三为“破”。水面小时，如曲溪绝涧、清泉小池，可用乱石围岸，怪石镶边，并植以细竹野藤，以增强深邃山野的风致。

昆明湖西堤上的景明楼

景明楼位于练桥和柳桥之间，始建于1750年，由主楼和两座配楼组成。乾隆皇帝用“景明”二字作楼名，一方面是景明楼具有“柳绿桃红、岸芷汀香”的春和佳景；另一方面是借《岳阳楼记》中的警句“先天下之忧而忧，后天下之乐而乐”，让自己在游娱之中“偷闲略赏还知愧”，“后了先忧缅前贤”

在清漪园建造之初，就派出许多画师和工匠，奔赴全国各地参观、模写有名的风景和建筑物，把它们仿造在园里。颐和园中的景色，汇集了各地有名的建筑和胜景。“集景模写”是中国古代园林设计中的一种传统手法，承德避暑山庄的外八庙运用这个手法特别突出。但是，造园者并非生搬照抄，而只是仿其风格，摹其形式。如景明楼和岳阳楼并不完全一样，万寿山后面的苏州街和江南苏州的市街更相去甚远。这说明中国古代建筑工匠在参考借鉴的时候，非常注重创新。

颐和园的布局，以万寿山为中心，大体分为东宫门和东山、前山、后山、昆明湖几个部分。

东宫东山区：颐和园原有水旱 13 门，主要入口是东宫门，其次是北宫门。东宫门里即是宫殿区。一进东宫门为仁寿殿，清代的封建帝后们，夏天住在园中，就在这里“听政”。

仁寿殿原名勤政殿，意为虽游玩园中，不忘勤理政务；光绪年间改为今名，意为施仁政者长寿。它是慈禧太后和光绪皇帝听政的大殿。仁寿殿，

仁寿殿前的铜质异兽，龙头、狮尾、鹿角、牛蹄、遍体鳞甲，造型别致

演员既可“自天而降”，又可“由地而出”的大戏楼

万寿山前主体建筑群

东向，面阔 7 间，两侧有南北配殿，前有仁寿门，门外为南北九卿房，殿前陈设着造型精美的铜质异兽，雕制极其精美。

仁寿殿北面是德和园，德和园是一组专供清朝帝后们看戏用的建筑群，每逢节日和帝后生日，都要把社会上的一些著名京剧演员传进宫里，在德和园组织规模宏大的演出活动。

德和园共三进院落，占地 3000 平方米，主要由演戏用的三层大戏楼、与大戏楼相连的两层扮戏楼、专供慈禧看戏的颐乐殿及其供王公大臣看戏的看戏廊组成。大戏楼上下三层，高 21 米，底层舞台宽 17 米，三层舞台之间有天井相通。顶板上有 7 个“天井”，设有辘轳绞车，是升降布景的机关；地板中有“地井”，舞台底部有水井和 5 个方池，主要是为了增强演唱时的共鸣效果和为水法布景提供真水上台。这样的舞台设计，使演员在演神鬼戏时，既可自“天”而降，亦可由“地”而出，还可以引水上台。

在仁寿殿之后，临水布置了乐寿堂、宜芸馆、夕佳楼、

藕香榭等建筑。临湖石栏曲折，在临水墙壁上开了各式各样的什景漏窗，窗里晚间点上灯火，倒映于水面，又增一番景色。

前山区：前山是全园的中心，正中是一组巨大的建筑群，自山顶的智慧海而下是佛香阁、德辉殿、排云殿、排云门、云辉玉宇坊，直到昆明湖面，构成一条鲜明的中轴线。琉璃砖瓦的无梁殿（智慧海）和佛香阁，气势雄伟，色彩鲜丽。

在这组中轴线的两旁，布置了许多陪衬的建筑物，东边以转轮藏为中心，西边以宝云阁（铜亭）为中心，顺山势而下，按地形而建筑，并有许多大型的假山隧洞，上下穿行，人行其中，别觉清凉幽邃。登上佛香阁或智慧海，回首下望，一片金黄色的琉璃瓦顶殿宇，格外壮观。昆明湖中的十七孔桥，横卧波心，西堤六桥伏枕水面，远望西山如黛。晴空万里时，北京城里的白塔、故宫后面的景山以及八里庄慈寿寺塔，广安门外天宁寺塔，都可齐集眼底。

德和园颐乐殿内景

前山的东西两面，随山势上下，布置了许多景点建筑物。东边有重翠亭、千峰彩翠、意迟云在、无尽意轩、写秋轩、含新亭、养云轩等，西边有邵窝殿、云松巢、山色湖光共一楼、湖山真意、画中游、听鹂馆、延清赏楼、小有天、清晏舫（石舫）、澄怀阁、迎旭楼等等。这些建筑的形式多样，色彩丰富，各抱地势，相互争辉。除了这些景点建筑，颐和园还有一匠心独运的大手笔——长廊。颐和园长廊是中国廊建筑中最大、最长、最负盛名的游廊，也是世界第一长廊。它以排云殿为中心，呈东西走向，向两边延伸，以它的长与佛香阁的高遥

巨石雕砌而成的清晏舫

石舫坐落在万寿山西麓岸边，是园中著名的水上建筑。始建于 1755 年，石舫体长 36 米，由巨石雕砌而成，清代皇帝乾隆引用唐代魏征“水能载舟，亦能覆舟”的典故加以建造，象征清朝政权稳如磐石“永不能覆”。清晏舫为“河清海晏”之义

颐和园长廊

东起邀月门，西至石丈亭，全长728米，共273间。长廊中间建有象征春、夏、秋、冬的“留佳”“寄澜”“秋水”“清遥”4座八角重檐的亭子。长廊东西两边南向各有伸向湖岸的一段短廊，衔接着对鸥舫和鱼藻轩两座临水建筑。西部北面又有一段短廊，连接着一座八面三层的建筑，山色湖光共一楼。长廊沿途穿花透树，看山赏水，景随步移，美不胜收

相呼应。

这座精心打造的游廊，雍容华贵，融合吸收了南方廊的典雅，更有一番皇家的威严气度。彩带般的长廊，把万寿山前分散的景点建筑连缀在了一起，对丰富园林景色起着突出的作用，形成了一条风雨无阻的观景线。它既是园林建筑之间的联系路线，又与各种建筑组成空间层次多变的园林艺术空间。

后山区：后山以曲折幽静著称。后山区有条苏州河，是绕流颐和园万寿山北坡下的溪河。清乾隆时人工凿成，长约1000米。河面随山势弯转，时宽时狭。河畔古松挺立，山石累累，中段即为著名的买卖街。

昆明湖区：万寿山山南山脚下为碧波粼粼的昆明湖。湖中有几处岛屿浮现水面，又以长堤、石桥加以联系。西堤六桥垂杨拂水，碧柳含烟。

颐和园昆明湖上的十七孔桥

昆明湖

在西堤上有两座洁白石拱桥，它们是昆明湖的出入水口。北头的入水口叫玉带桥，南头的出水口叫绣游桥。桥面陡峻，桥拱高耸，洁白石桥映衬着碧柳垂杨，分外明媚。

在堤西的昆明湖心，有一个湖中岛屿，因为上面有一座龙王庙，所以俗称龙王庙岛。岛上有龙王庙和月波楼、鉴远堂、涵虚堂等建筑群。龙王庙之东有一座雄壮的十七孔石桥，从岛上通向湖岸，桥长 150 米，宽 8 米，是仿照有名的卢沟桥建造的。桥东头岸上有一座铜牛守望湖心，和长桥、岛屿、廓如亭等共同构成一幅绮丽的景色。

颐和园昆明湖中有一座南湖岛，由一座美丽的十七孔桥和岸上相连。十七孔桥西连南

湖岛，东接廓如亭，飞跨于东堤和南湖岛之间，不但是前往南湖岛的唯一通道，而且是湖区的一个重要景点。桥身长 150 米，宽 8 米，由 17 个券洞组成，是颐和园内最大的一座桥梁。远远望去像一道长虹飞跨在碧波之上。十七孔桥上石雕极其精美，每个桥栏的望柱上都雕有神态各异的狮子，大小共 544 只。桥两边的白石栏杆，共有 128 根望柱，每根望柱上都雕刻着精美的姿态各异的石狮，有的母子相抱，有的玩耍嬉闹，有的你追我赶，有的凝神观景，个个惟妙惟肖。桥的两头有 4 只石刻异兽，形象威猛异常，极为生动。

颐和园中山青水秀，阁耸廊回。其园林布局，集中国千园艺术之秀丽、奇特、开阔、幽深，神野之景。

全园最大的廓如亭
八角重檐，由内外三层 24 根圆柱和 16 根方柱支撑，独具特色。该亭如一秤锤，压在十七孔桥东端，挑起桥西侧的重点景区南湖岛

典雅、淡秀的苏州拙政园

拙政园是明嘉靖御史王献臣弃官回乡后所建。典雅、淡秀的拙政园位于苏州古城东北隅，面积 78 亩（1 亩约为 666.67 平方米）。这是一座始建于 15 世纪初的古典园林，具有浓郁的江南水乡特色，经过几百年的沧桑变迁，至今仍保持着平淡疏朗、旷远幽静的明代风格，被誉为“中国私家园林之最”。全园分东、中、西、住宅四部分。中部山水明秀，厅榭典雅，花木繁茂，是全园的精华所在。西部水廊逶迤，楼台倒影，清幽恬静。东部平岗草地，竹坞曲水，空间开阔

苏州四大名园之一沧浪亭

沧浪亭原是北宋著名文人苏舜钦所建。他的《沧浪亭记》是北宋散文中的名作。现在的沧浪亭大体上保持了当初的山水格局。它的特点是以山景为主，园外有一带开阔的水面。园子临水的一面用曲折的覆廊围绕，覆廊中用花墙分隔，墙上开各色漏窗，均为自然花样，园外水景从漏窗透入，园内园外似隔非隔，空间相互渗透。沧浪亭的墙洞漏窗被公认为江南园林中花墙的典范之作

苏州四大名园之一的留园

始建于明嘉靖年间。留园的布局以建筑空间的变幻见长，室内外空间穿插错迭，迂回曲折。如五峰仙馆东侧的揖峰轩，回廊曲径环绕，以廊与墙分割小院空间。轩内墙壁只开窗洞不装槅扇，湖石、石笋、芭蕉、修竹散置院内。从轩里往外望，可见到三面小院的不同景色，每个窗洞都是一幅取景框。揖峰轩南的石林小屋，小空间设计更为精巧。门窗相互套连，层叠通透，分不清是轩是亭，还是过厅穿堂

中国古典园林特色

皇家园林中一些是帝王的离宫别院，供休息、游玩之用，有的还有处理政务的功能。所以皇家园林一是规模浩大、面积广阔、建设恢宏、金碧辉煌，尽显帝王气派。如：清代的清漪园。二是建筑风格多姿多彩。从中既可看到南方小巧园林风格，如杭州苏堤六桥、苏州狮子林、镇江宝塔等景色，也可看见少数民族风格的塔、屋宇结构等雄风，如北海的藏式白塔，甚至还有吸收欧洲文艺复兴时的“西洋景”，如圆

明园。三是功能齐全。皇家园林中集处理政务、受贺、看戏、居住、园游、祈祷以及观赏、狩猎于一体，甚至有的还设“市肆”，以便买卖。皇家园林是中国古典园林的一个重要类型，是世界园林皇冠上一颗闪亮的宝石。

江南园林与皇家园林在风格上有所不同，一般多是规模较小，精巧典雅，常用假山假水，建筑多小巧玲珑，表现其淡雅素净的色彩。

玲珑剔透。江南的私家园林大多为封建时代的官员、文人、士大夫所筑，在园林建筑中普遍蕴涵着天人合一的人生观和虚静淡泊的隐逸思想，他们把园林看作“一片冰心在玉壶”的壶中天地。江南园林又多为士大夫生活起居和进行文化活动的重要场所，所以，江南园林洋溢着浓郁的书卷气和文墨气息。

但不管哪一种园林，它们都具有如下特色：

一是造园艺布局，师法自然。

总体布局合乎自然。山水要素的形象组合合乎自然规律，尽量减少人工拼叠的痕迹。

水池自然曲折、高下起伏。花木疏密相间，形态天然。乔灌木错杂相间，追求天然野趣。在园林风景布局方面，有的突出枫树，蕴彩流丹；有的突出梨树，轻纱素裹；有的突出古松，峰峦滴翠……

二是分隔空间，融于自然。

中国古代园林用种种办法来分隔空间。大小是相对的，无大便无小，无小也无大。园林空间越分隔，感到越大越有变化，以有限面积，造无限的空间。分隔空间力求从视角上突破园林实体的有限空间的局限性。如漏窗可使空间流通、视觉流畅，因而隔而不绝，在空间上起互相渗透的作用。在漏窗内看，玲珑剔透的花饰、丰富多彩的图案，有浓厚的民

族风味和美学价值；透过漏窗，竹树迷离摇曳，亭台楼阁时隐时现，远空蓝天白云飞游，造成幽深宽广的空间境界和意趣。

三是园林建筑，顺应自然。

中国古代园林中，有山有水，有堂、廊、亭、榭、楼、台、阁、馆、斋、舫、墙等建筑。人工的山，显示自然的美色；人工的水，显示自然的风光。中国造园者特别重视山水之间的关系：认为山贵有脉，水贵有源，脉源贯通，全园生动。“水随山转，山因水活”。山以水为血脉，以草木为毛发，以烟云为神采，故山得水而活，得草木而华，得烟云而秀媚。水以山为面，以亭榭为眉目，以渔钓为精神，故水得山而媚，得亭榭而明快，得渔钓而旷落。

所有建筑，其形与神都与自然环境吻合，同时又使园内

各部分自然相接，使园林体现自然、淡泊、恬静、含蓄的艺术特色，并给人以移步换景、渐入佳境、小中见大等观赏效果。

四是树木花卉，表现自然。

运用植物设计景观，是中国古典园林的重要表现手法。承德避暑山庄 72 景中，以树木花卉为风景主题命名的就有万壑松风、云山胜地、梨花伴月、曲水荷香、青枫绿屿、莆田丛樾、采菱渡、观莲所、万树园、嘉树轩和临芳墅等 18 处之多。题景使有色、有香、有形的景色增添了有声、有名、有时的意义，能催人联想起更丰富的“情”和“意”。

师法自然，融于自然，顺应自然，表现自然——这是中国古代园林体现“天人合一”的民族文化所在，是独立于世界之林的最大特色，也是永具艺术生命力的根本原因。

北京香山

古代桥梁

在中国大地上，有世界上著名的黄河、长江、珠江等大河。自涓涓细流到浩浩巨浸，蜿蜒曲折，河道密如蛛网。有水就有桥。在漫漫的历史中，密如蛛网的河道上，逐渐布满了大大小小、形形色色的桥梁。无数的桥梁，为建造者及其子孙带来了无尽的方便，同时也为后代留下了宝贵的经验，技术方面的乃至艺术方面的财富。

中国古代玉带桥

中国是桥梁大国，古桥不仅数量多、种类多，而且造型美，在世界上处于举足轻重的地位。纵观众多古代桥梁，主要分为四大基本类型：梁桥、拱桥、索桥和浮桥。这么丰富的类型，是古代桥梁建设者们充分利用当年仅有的竹、藤、木、石和人工冶炼的铸铁或锻铁等，发挥材料的特长，根据丰富的成败经验，因时、因地制宜地创造出来的。中国古桥的某些结构形式，已为近代桥梁所借鉴，有力地影响着国内外的桥梁建设。

现已发现最早的木梁桥画面

木料是最容易找到和加工的建桥材料，所以古代造桥以木料居多。据史书记载，历史上规模宏大的木梁桥是秦代首都咸阳跨渭水的渭桥。公元前 221 年，秦始皇统一中国之后，建都咸阳，引渭水入都城，有一横桥，共有 68 孔，桥长 540 多米，是木梁石柱桥。桥面宽达 19 米多。汉代有 3 座渭桥，都是木梁木柱。

木桥容易加工，也容易腐烂，了解古代木桥只能通过史书、

内蒙古和林格尔县新店子发掘出的东汉墓中的汉代壁画

石刻、砖刻和古人坟墓里的壁画。

1971年内蒙古和林格尔县新店子发掘出一座东汉墓，墓中有“七女为父报仇”壁画，画上有汉代渭水桥，在桥墩上梁下有短托木。

木桥一般都有桥屋。桥屋的作用有两个，一是方便行旅避风雨日晒和休憩；二是使木料保持干燥，防止腐朽以延长寿命。今天浙江、广西、湖南等地的“风雨桥”即属于这种。

风雨桥，以亭楼式居多，这种风雨桥于长廊顶部竖起多个楼阁，楼阁飞檐重叠，少的有三层，多的达五层。桥身横江跨水，十分壮观。桥面两侧建有栏杆和座位，可供人们憩息。

风雨桥，以木为主要材料，整座建筑不用一钉一铆，全系木料凿榫衔接，横穿竖插。棚顶都盖有坚硬严实的瓦片，凡外露的木质表面都涂有防腐桐油，所以很多风雨桥，虽经百年风雨，仍跨江而立。

现存最早的石梁桥：洛阳桥

中国石梁桥建设最多、规模最大的是福建省，特别是泉州市。泉州古有10座名桥，从北宋仁宗皇祐五年（1053）起到元惠宗至正年间（1341—1368）陆续建成。众多石梁桥中最著名的是宋代状元、名书法家蔡襄所兴建的万安桥，又名洛阳桥。

洛阳桥，又称万安桥，横跨福建省泉州东郊洛阳江的入海口，是古代粤、闽北上京城的陆路交通孔道。北宋皇祐五年至嘉祐四年（1053—1059），泉州郡守蔡襄主持兴建。该桥跨江接海，整座桥基、桥墩、桥身全系花岗岩石砌筑，初建时桥长1200米，阔5米许，高7.3米，有46座船形桥墩。规模宏伟，工艺卓越。

建桥处为海阳江入海口，海潮汹涌，江宽流急，建桥工程非常艰巨。为此，北宋先民创造了一种直到现代才被人们所认识的新型桥基——筏型基础。所谓的筏型基础就是

龙津风雨桥，位于湖南省芷江县，自明代万历十九年（1591）名僧宽云带头捐建建成起，几经圮毁，多次修复，一直是湘黔公路交通要塞，也是商贾游客往来云集最繁华的地方，史称“三楚西南第一桥”

沿着桥梁中轴线的水下底部抛置大量的石块，形成一条连接江底的矮石堤作桥基，然后在上面建桥墩，这种建造方式对中国乃至世界造桥科学都是一个伟大的贡献。

为了使桥墩更为牢固，在桥下养殖了大量的牡蛎，巧妙地利用牡蛎外壳附着力强，繁生速度快的特点，把桥基和桥墩牢固地胶结成一个整体。这种用生物加固桥基的方法——“种蛎固基法”前无古人，因此，洛阳桥是世界上第一个把生物学应用于桥梁工程的先例。

船形桥墩也颇具特色，它有利于分水。

洛阳桥建成以后，不仅沟通了洛阳江两岸的联系，促进了海上贸易的发展，而且为中国建筑石桥提供了许多经验。就在这座桥梁建成后不久，泉州一带曾出现过一段时间的造桥热。据不完全统计，这一带当时修建的石桥，保留到今天的就有100座之多。

颇具特色的船形桥墩

世界上第一座“种牡蛎固基”的桥梁：泉州洛阳桥

1400 多年前建造的单孔敞肩型石拱桥

1400 多岁的石拱桥：赵州桥

赵州桥，又名安济桥，位于河北赵县洨河上。建于 6 世纪初期。桥长 50.82 米，跨径 37.02 米，券高 7.23 米，是当今世界上跨径最大、建造最早的单孔敞肩型石拱桥。因桥两端肩部各有两个小孔，故称敞肩型，这是世界造桥史的一个创造（没有小拱的称为满肩或实肩型）。

赵州桥建成已距今 1400 余年，经历 10 次水灾、8 次战乱和多次地震，依然完好无损。桥梁专家茅以升说，先不管桥的内部结构，仅就它能够存在这么长时间就说明了一切。

从设计角度，赵州桥在以下几方面属于创举，有人称其为“三绝”：一是“券”小桥平。古人习惯于把弧形的桥洞、门洞之类的建筑叫作“券”。一般石桥的券，大都是半圆形。

但赵州桥跨度很大，如果把券修成半圆形，车马行人过桥，如翻小山。赵州桥的券是小于半圆的一段弧，这既减低了桥的高度，减少了修桥的石料与人工，又使桥体非常美观。二是“撞”空不实。券的两肩叫“撞”。一般石桥的撞都用石料砌实，但赵州桥的撞没有砌实，而是在券的两肩各砌一两个弧形的小券。这种大拱加小拱的敞肩拱具有优异的技术性能。它可以增加泄洪能力，减轻洪水季节由于水量增加而产生的洪水对桥的冲击力；敞肩拱比实肩拱可节省大量土石材料，减轻桥身的自重；增加了造型的优美，四个小拱均衡对称，桥型空灵美观，构思巧妙，堪称千古独步。三是洞砌并列式。它用 28 道小券并列成大券；可是用并列式各道窄券的石块间没有相互联系，不如纵列式坚固。为了弥补这一缺点，建造桥时，在各道窄券的石块之间加了铁钉，使它们连成了整体。用并列式修造的窄券，即使坏了一个，也不会牵动全局，修补起来容易，而且在修桥时也不影响桥上交通。

北京有句歇后语：“卢沟桥的石狮子——数不清”

桥墩戴上了铁盔铁甲的石拱桥：卢沟桥

从北京西北流向东南的卢沟河（即今永定河），又称桑干河，源出于山西，流经北京后奔泻东南入海。自古以来，这条俗称“小黄河”的卢沟河，每到夏秋之际，山洪暴发，河水从它的发源地海拔千余米的雁北高原滚滚东下，到了北京地区形成一泻千里之势，而当时地处北京西南的卢沟渡口，是华北大平原通往蒙古高原以及东北各地的必经之路。于是金朝皇帝于1189年下令修桥，3年完工。它是一座11孔的联拱石桥，全长266.5米，宽9.3米。卢沟桥建成后，成了京师西南的门户，往来的士官商旅从这里经过，卢沟桥畔，旅舍鳞次，驿通四海，行人车马，如梭如织。

桥上的石刻十分精美，桥身的石雕护栏上共有望柱281根，柱高1.4米，柱头刻莲座，座下为荷叶墩，柱顶雕有大小不等、形态各异、数之不尽的石狮子。北京有句歇后语：“卢沟桥的石狮子——数不清。”

说卢沟桥上的石狮子数不清，是老百姓极言其多。其实还是数得清的，总数是485只，同桥东宛平县城墙的垛口，以及东西两个城门的门钉数目完全相等，这当然不是偶然的巧合，一定寓含着某种意义。

卢沟桥上精美的石狮雕刻独具风韵

卢沟桥以高超的建桥技术和精美的石狮雕刻独具风韵，誉满中外。480 多只狮子没有重样的，千姿百态，各有风姿。“……有的昂首挺胸，仰望云天；有的双目凝神，注视桥面；有的侧身转首，两两相对，好像在交谈；有的在抚育狮儿，好像在轻轻呼唤；桥南边东部有一只石狮，高竖起一只耳朵，好似在倾听着桥下潺潺的流水和过往行人的说话……”

意大利旅行家马可·波罗在他的游记中称赞“它是世界上最好的、独一无二的桥”。

旅游者感兴趣的是桥上的石狮子，桥梁工程师和水利学家更感兴趣的是桥下的桥墩。桥墩的形状犹如一只平面的船，迎水的一面，砌成很长的分水尖，它的作用是分开水势，减少流水对它的冲力。每个桥墩的尖端还有一根三角铁柱，深插在河底，老百姓呼之为“斩龙剑”。所谓“龙”，就是洪水，洪水冲到桥墩前，首先碰到的不是石桥墩而是铁三角，它把洪水劈成两半，流向两侧的桥涵洞。尤其是春天冰凌冲向桥

世界上最早的启闭式石桥：广济桥

墩时，铁三角的威力就显示出来了，劈冰斩浪，抗击“恶龙”，锈了还可以随时更换，就像给迎水的桥墩戴上了铁盔铁甲。

卢沟桥的 11 个拱券砌筑方法与一般桥梁不同，采用纵联式，把整个拱券联结成一体；同时还在桥墩和拱券的各部分，用腰铁和铁件把石块联结起来，增加了砌石之间的拉联力量，使桥分外坚固。卢沟桥的主体屹立了 800 多年，经受住河水的轮番冲击而岿然不动，充分显现了金代精湛的桥梁工程技术。

世界上最早的启闭式石桥：广济桥

广东俗语云：“到广不到潮，枉费走一遭；到潮不到桥，白白走一场。”这“潮”指的是潮州，这“桥”说的是潮州东郊的广济桥。

广济桥，位于潮州古城东门外，扼控闽粤，横卧于滚滚韩江之上，全长 518 米。因传说当年“八仙”之一的韩湘子曾在桥畔的石碑上书“洪水止此”，故此桥又俗称湘子桥。广济桥集梁桥、拱桥、浮桥于一体，在中国桥梁史上独具匠心，也是“世界上最早的开合式桥梁”。它与赵州桥、洛阳桥、卢沟桥等同居中国名桥之列。

广济桥始建于南宋乾道七年（1171），全桥历时 56 年建成。初筑石墩 1 座，置大船 86 只，架舟为梁，拴以大绳，原本是一座水上浮桥。几年后，桥被洪水冲毁，重修时在西岸建起了第一个桥墩，从此以后不断向江心修筑桥墩，至明朝正德八年（1513）建成桥墩 24 座，桥墩、桥梁均以巨石砌成，桥中间以 18 只梭船连成浮桥，当有船通过时，将浮桥中的浮船解开；船只通过后，再将浮船归回原处。

广济桥结构奇特，形式殊异，千百年来一直是中国桥梁史上的孤例。从形式上，梁舟结合，刚柔相济。桥的东西两段，桥墩耸立，两架风雨桥连接两岸，中间是“舳舻编连，龙卧虹跨”的浮桥，两动一静，起伏如龙。从结构上说，梁舟结合，实开世界开合式桥梁之先河。

广济桥草创阶段，便有筑亭、“覆华屋”于桥墩上的举措，并冠以“冰壶”“玉鉴”“盖秀”等美称。明宣德年间，除了在500多米长的桥上建造126间亭屋之外，还在各个桥墩上修筑楼台。桥墩上的亭台楼阁，兼作经商店铺，故自古就有“廿四楼台廿四样”“一里长桥一里市”的美称。

广济桥是“全粤东境，闽、粤、豫、章，经深接壤”的枢纽所在，桥上又有众多的楼台，因此，很快便成为交通、贸易的中心，成为热闹非凡的桥市。天刚破晓，江雾尚未散尽，桥上已是“人语乱鱼床”了。待到“遥指渔灯相照静”，已是“海氛远去正三更”。

经历800多年风雨沧桑的广济桥，虽已失去昔日的华丽英姿，但至今风骨犹存。

飞悬的古桥：泸定铁索桥

中国西南多峡谷，在古代造木桥、石桥难度太大，成本太高，因此，当地人就地取材，因地制宜，常用抗拉比较好的藤、竹、皮绳等绞成拉索，或锻铁成链，建造索桥。云南凡用“笮”作地名和水名的必有索桥。四川茂州（今茂县），古称绳州，因那里的峡谷之中“以绳为桥”。

中国古代索桥形式很多，有单索溜筒桥、双索双向溜筒桥、上下双索步道桥、V形截面双索或三索步道桥、并列多索步马桥、多索网状桥等。

古代索桥：都江堰安澜桥

横跨都江堰内江和外江分水处。始建于宋代以前，明末毁于战火，清嘉庆八年（1803）重修。索桥以木排石墩承托，用粗如碗口的竹缆横飞江面，两旁以竹索为栏，全长约 500 米

溜筒桥是把人和货物悬在索上，溜放过江，构造简单。V 形桥吊索成斜面，两侧吊索会合向内共同吊中部的步道木板或布道索，是一个典型的空间结构，开近代斜面吊索管道桥的先河。并列多索桥，索上横铺木板，可走人马，两侧还有保证安全的栏杆索。多索网状桥用藤圈作间隔，用多索围绕，高悬两崖之间。

四川泸定大渡河铁索桥是现存古代铁索桥中制作比较精良的一座。

飞悬的古桥：泸定铁索桥

泸定铁索桥坐落在四川省泸定县城西的大渡河上。桥东是高达3000多米的二郎山，泸定城一半就在山坡上，另一半紧贴大渡河，桥西是海子山。高崖夹峙一水，由西面进城，必须过桥。

桥始建于清代康熙四十四年（1705），次年完成。桥净跨约103米，每根铁链长约127米，桥宽2.8米。共9根底链，上横铺木板，纵铺走道板。两侧各有两根栏杆铁链。两岸石砌桥台，锚定铁链，上有美丽的桥屋。

铁索是索桥的承重部分，如何把它拉紧和锚固牢靠是索桥成败的关键。泸定桥的铁索由扁环扣联而成，每根链子平均890个扁环，13根链子共有11571个扁环。扁环长17—20厘米，外径9厘米，内径3厘米，几乎每个扁环上都刻有具体制作的工人的代号。哪一个链扣断了，就凭着印记追究制造者的责任。

铁索拉紧后，把它锚固在桥台后面落井中的困龙上，困龙紧贴在地龙桩上。困龙埋置在桥台中的深度有7米多，四周用灰浆块石胶固定。地龙桩埋置在离桥台顶面有5米多的地方，以便得到足够的压重。利用桥台自重作为压重，来承受铁索的巨大拉力，是中国古代桥工对索桥的一大贡献。